MÉCANIQUE

A LA MÊME LIBRAIRIE

COURS D'ÉTUDES SCIENTIFIQUES, à l'usage des candidats au baccalauréat ès sciences et aux écoles du Gouvernement.

Arithmétique, par M. J. Dufailly, professeur au collége Stanislas. 1 vol. in-8°, broché.............................. 4 fr. »»

Algèbre, par le même. 1 vol. in-8°, broché.............. 4 fr. »»

Géométrie, par le même. 1 vol. in-8°, broché............ 5 fr. »»

Notions sur quelques courbes usuelles (extrait de la Géométrie), par le même. 1 vol. in-8°, broché............ 1 fr. 25

Trigonométrie, par le même. 1 vol. in-8°, broché......... 3 fr. »»

Géométrie descriptive, nouvelle édition contenant les matières exigées pour l'admission à l'école de Saint-Cyr. 1 vol. in-8°, broché.............................. 4 fr. 50

Cosmographie, par le même. 1 vol. in-8°, broché......... 4 fr. »»

Mécanique, par le même. 1 vol. in-8°, broché .... 2 fr. 50

Physique, par M. Poiré, ancien élève de l'École normale, agrégé de l'Université, professeur de Physique et de Chimie au lycée Fontanes. 1 vol. in-8°, broché....... 6 fr. »»

Chimie, par le même. 1 vol. in-8°, broché............... 5 fr. »»

Histoire naturelle. Zoologie contenant l'anatomie, la physiologie et la classification, par V. Desplats, professeur agrégé de la Faculté de médecine de Paris, professeur au lycée Fontanes, etc. 1 vol. in-8° avec nombreuses figures intercalées dans le texte......... 6 fr. »»

Problèmes de mathématiques, par M. J. Dufailly. 1 vol. in-8°, broché .... 3 fr. »»

Problèmes de physique, par le même. 1 vol. in-8°, broché. 1 fr. 50

1524. — Abbeville. — Typ. et stér. Gustave Retaux.

COURS D'ÉTUDES SCIENTIFIQUES

A L'USAGE DES CANDIDATS

AU BACCALAURÉAT ÈS SCIENCES ET AUX ÉCOLES DU GOUVERNEMENT

MÉCANIQUE

PAR

J. DUFAILLY

Professeur au Collège Stanislas

NEUVIÈME ÉDITION

PARIS

LIBRAIRIE CH. DELAGRAVE

15, RUE SOUFFLOT, 15

1880

ÉLÉMENTS
DE MÉCANIQUE

NOTIONS PRÉLIMINAIRES.

1. Un corps est dit en *mouvement* lorsqu'il passe d'un lieu dans un autre ; s'il persiste dans le même lieu, on dit qu'il est en *repos*.

Le mouvement est *relatif* ou *absolu :* relatif, si le corps se déplace par rapport à un autre corps qui est lui-même en mouvement ; absolu, si le déplacement du corps a lieu par rapport à un point *fixe,* c'est-à-dire à l'état de *repos absolu.* Comme nous ne connaissons aucun point rigoureusement fixe dans l'espace, tous les mouvements que nous observons sont des mouvements relatifs.

2. Un corps ne peut modifier de lui-même l'état de repos ou de mouvement dans lequel il se trouve : ce principe se nomme *la loi de l'inertie.* — Un corps en repos ne peut ainsi se mettre en mouvement qu'en vertu d'une cause étrangère agissant sur lui et que l'on nomme *force.*

Une *force* est donc une cause quelconque de mouvement.

3. La *Mécanique* a pour objet l'étude des forces et des mouvements ; elle se divise en trois parties principales :

1° La *Statique* qui étudie les forces en *équilibre,* c'est-à-dire les forces dont les actions se détruisent mutuellement ;

2° La *Cinématique* qui étudie les mouvements indépendamment de leurs causes ;

3° La *Dynamique* qui s'occupe des relations existant entre les forces et les mouvements qu'elles produisent.

PREMIÈRE PARTIE

Éléments de statique

CHAPITRE PREMIER.

GÉNÉRALITÉS SUR LES FORCES.

---

4. Eléments d'une force. — Il y a à considérer dans toute force trois éléments qui sont : le point d'application, la direction et l'intensité.

Le *point d'application* est le *point matériel* sur lequel la force agit directement. On entend par point matériel une partie de dimensions infiniment petites, de la matière dont est formé un corps. La position d'un tel point dans l'espace se détermine comme s'il s'agissait d'un point géométrique.

La *direction* d'une force est la ligne droite qu'elle tend à faire parcourir à son point d'application.

L'*intensité* d'une force est l'énergie avec laquelle elle exerce son action. Nous allons indiquer comment les intensités des forces peuvent se comparer entre elles.

5. Condition d'égalité et évaluation numérique des forces. — On nomme *forces égales* deux forces qui, appliquées au même point matériel, en sens contraire l'une de l'autre, se font équilibre, c'est-à-dire ne communiquent aucun mouvement à leur point d'application.

On dit qu'une force est double, triple, quadruple...... d'une autre lorsqu'appliquée en un certain point, elle fait équilibre à deux, trois, quatre...... forces égales à cette autre, appliquées au même point et en sens contraire. On peut donc en choisissant une certaine force pour unité, évaluer numériquement les forces et par suite comparer leurs intensités.

Lorsque l'on étudie géométriquement les forces, on représente leurs directions par des lignes droites et leurs intensités par des longueurs proportionnelles prises sur ces droites à partir du point d'application et dans le sens de l'action des forces.

6. Comparaison des forces aux poids à l'aide des dynamomètres. — Si l'on considère comme égales deux forces qui appliquées au même point dans les mêmes conditions produisent le même effet, on peut comparer les forces aux poids. Cette comparaison se fait à l'aide d'appareils nommés *dynamomètres*. Il en existe de plusieurs espèces ; nous décrirons seulement le peson à ressort.

Cet instrument (fig. 1) se compose d'un ressort d'acier coudé

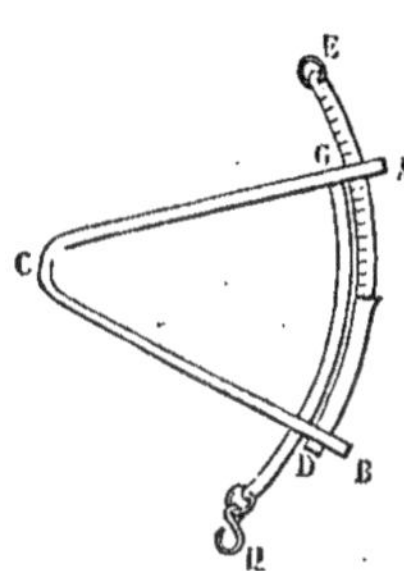

Fig. 1.

ACB et de deux arcs métalliques. L'un d'eux fixé en D passe librement dans une ouverture pratiquée en A dans la branche AC ; l'autre fixé en G passe à travers une ouverture pratiquée dans la branche CB. Le premier arc se termine par un anneau E destiné à soutenir l'appareil, et le second par un crochet H auquel on peut suspendre des poids.

Si l'on suspend à ce crochet successivement des poids de 1, 2, 3..... kilogrammes l'action de la pesanteur déterminera une flexion du ressort de plus en plus grande, et l'on pourra graduer l'appareil en marquant aux points de l'arc AB où arrive successivement l'extrémité G, des traits accompagnés de nombres indiquant les poids employés.

Ceci fait, si l'on exerce sur le ressort des efforts capables d'amener la branche supérieure CA vis-à-vis les divisions 1, 2, 3,.... on dira que les forces qui déterminent ces flexions sont des forces de 1, 2, 3.... kilogrammes, ce qui signifie que leurs effets sont identiques à ceux produits sur l'appareil par des poids de 1, 2, 3.... kilogrammes.

7. Conventions fondamentales. — Dans ce qui va suivre, nous considérerons les corps comme formés de la réunion de points matériels liés entre eux invariablement au moyen de droites parfaitement rigides et inextensibles, de telle sorte que les distances et les positions relatives de ces points matériels restent rigoureusement les mêmes. En outre, nous supposerons les corps *absolument libres dans l'espace*, et nous ferons abstraction de leur poids, élément dont on pourra tenir compte lorsque l'on voudra en le considérant comme une nouvelle force appliquée aux corps.

A ces conventions, nous ajouterons l'indication des principes suivants :

1° *On peut sans troubler l'état d'un système quelconque de forces appliquées à un corps, introduire dans ce système autant de forces nouvelles que l'on veut, pourvu que ces forces soient dans des conditions telles qu'appliquées seules au corps, elles se fassent équilibre.*

2° *Lorsque plusieurs forces appliquées à un corps sont en équilibre, on peut sans troubler l'équilibre fixer tel point que l'on veut sur la direction d'une quelconque de ces forces.*

Nous ferons fréquemment usage de ces deux principes.

8. Résultante. Composantes. — Supposons que des forces F, F′, F″.... appliquées aux points A, B, C,.... d'un corps (fig. 2) se fassent équilibre. Au point A appliquons une force R égale à la force F et de sens contraire, l'équilibre sera troublé et le corps se mettra en mouvement sous l'action de la seule force R. Mais comme cette force et la force F s'entre-détruisent, nous pouvons dire encore que le corps se met en mouvement sous l'action simultanée des forces F′, F″, F‴. Nous voyons ainsi que la force R est capable de remplacer à elle seule le système des forces F, F′, F″.

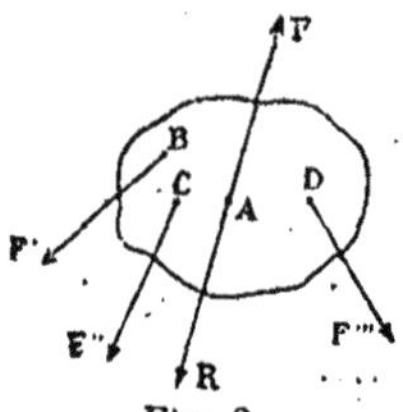

Fig. 2.

Lorsqu'une force unique peut ainsi en remplacer plusieurs autres, on dit qu'elle est leur *résultante* ; les forces dont elle tient lieu se nomment les *composantes*.

On remarquera que la résultante R est égale à la force F et de sens contraire ; de là ce principe :

Lorsque plusieurs forces se font équilibre sur un corps, l'une quelconque d'entre elles est égale et directement opposée à la résultante de toutes les autres.

Tout système de forces appliquées à un corps n'est pas susceptible d'avoir une résultante unique, mais, dans certains cas, on peut être certain qu'il en existe une. Ainsi s'il s'agit de forces appliquées au même point, comme ce point tend à se mouvoir sous l'action des forces suivant une direction déterminée, on conçoit sans peine qu'en lui appliquant une certaine force en sens contraire de cette direction, on pourra le maintenir en équilibre. En vertu du principe énoncé ci-dessus, cette force sera donc égale et directement opposée à la résultante de toutes les autres, ce qui implique l'existence de cette résultante.

L'opération qui a pour but de déterminer la résultante d'un système de forces se nomme la *composition des forces:* on donne le nom de *décomposition des forces* à l'opération inverse, c'est-à-dire à celle qui consiste à remplacer une force par plusieurs autres capables de produire ensemble le même effet que cette force.

9. Lemme. — *Deux forces égales et contraires appliquées à deux points liés par une droite invariable de longueur et agissant dans la direction de cette droite se font équilibre.*

On admet ce principe comme évident.

10. Théorème. — *On peut, sans changer l'effet d'une force qui sollicite un corps, transporter son point d'application en un point quelconque de sa direction, pourvu que le nouveau point soit lié invariablement au premier.*

En effet, soit (fig. 3) F une force appliquée en un point A d'un corps, et soit B un point pris sur la direction de cette force et invariablement lié au point A. Appliquons en B suivant la direction AB deux forces F_1, F_2 égales à F et opposées : comme ces forces se font équilibre, l'état du corps ne sera pas modifié (7). Mais d'après le lemme précédent, les deux forces F, F_2 se détruisent ; il ne reste donc à considérer que l'action de la force F_1, laquelle peut être regardée comme n'étant autre que la force F dont le point d'application aurait

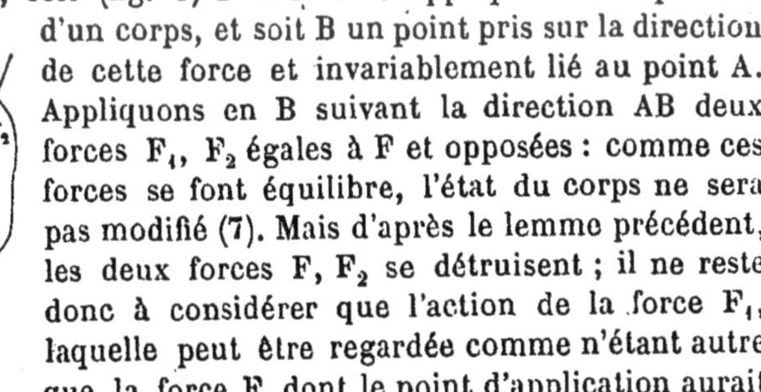

été transporté en B. Le théorème est donc démontré.

Remarque. — Une force appliquée à un corps ne saurait

d'ailleurs être remplacée par une autre force dont le point d'application serait pris en dehors de sa direction.

En effet, soit une force F′ appliquée en un point B (fig. 4) situé en dehors de la direction AF d'une autre force F. Appliquons en B une force F″ égale et contraire à F′ : elle sera en équilibre avec cette dernière. Par suite, si la force F′ peut remplacer la force F, celle-ci et la force F″ seront également en équilibre. Or si l'équilibre existait entre les forces F et F″, comme en fixant un point de la direction AF, on détruit la force F sans troubler l'équilibre (7), cette opération devrait avoir pour résultat de détruire en même temps la force F″ : mais ceci ne saurait avoir lieu puisque la force F″ n'est pas dirigée suivant AF. Donc enfin la force F ne saurait être remplacée par la force F′, ce qu'il fallait démontrer.

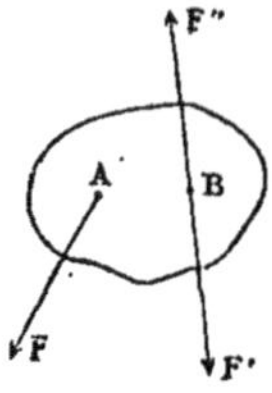

Fig. 4.

CHAPITRE II.

COMPOSITION DES FORCES CONCOURANTES ET DES FORCES
PARALLÈLES. — MOMENTS DES FORCES.

§ I.

FORCES APPLIQUÉES AU MÊME POINT.

11. Composition de deux forces appliquées au même point et dirigées suivant la même droite. — Deux cas peuvent se présenter suivant que les deux forces sont de même sens ou de sens contraires.

1er *cas.* — *Les deux forces sont de même sens.* — Leur résultante est alors égale à leur somme et elle agit dans le même sens qu'elles.

En effet soient F, F′ les deux forces données; supposons qu'elles aient une commune mesure f telle que l'on ait : $F = mf$, $F' = m'f$. D'après ce que nous avons dit (5) relativement à l'évaluation numérique des forces, les deux forces F, F′ peuvent être remplacées, la première par m forces et la seconde par m' forces toutes égales à f, appliquées au même point et agissant dans la même direction. On a ainsi $m + m'$ forces égales chacune à f agissant sur le point d'application des forces F, F′. On peut donc considérer ce point comme sollicité par une force unique égale à $(m + m')f$, c'est-à-dire à $F + F'$, ce qu'il fallait démontrer.

La proposition peut être regardée comme vraie pour deux

forces quelconques, car la démonstration qui précède subsiste quelque petite que soit la force f.

2° cas. — Les deux forces sont de sens contraires. — Leur résultante est alors égale à leur différence et elle agit dans le sens de la plus grande des deux forces.

En effet, soient F, F′ deux forces appliquées au point A (fig. 5) et agissant dans le sens indiqué par les flèches. Supposons $F > F′$: nous pourrons poser $F = F′ + F″$ et imaginer au lieu de la force F deux forces F′ et F″ agissant en A dans la direction AF. La première de ces forces fait équilibre à la force donnée F′ ; on n'a donc plus à considérer que la force $F″ = F − F′$ qui est ainsi la résultante cherchée.

12. Composition d'un nombre quelconque de forces appliquées au même point et dirigées suivant la même droite. — La résultante d'autant de forces que l'on veut appliquées au même point et agissant dans le même sens est égale à la somme de toutes ces forces et agit dans le même sens qu'elles. Ceci résulte immédiatement de la démonstration qui précède (11. 1ᵉʳ cas).

La résultante d'autant de forces que l'on veut appliquées au même point et dirigées suivant la même droite est égale à l'excès de la somme de celles qui agissent dans un sens sur la somme de celles qui agissent dans le sens opposé ; elle agit dans le même sens que les forces dont la somme est la plus grande.

En effet, si l'on compose d'une part toutes les forces qui agissent dans un sens et d'autre part toutes celles qui agissent dans le sens opposé, on se trouve ramené au cas de deux forces de sens contraires (11. 2° cas).

Remarque. — On peut convenir de regarder comme positives les forces qui agissent dans un sens (d'ailleurs arbitraire) et comme négatives, celles qui agissent dans le sens opposé. Moyennant cette convention, on peut à l'énoncé qui vient d'être donné substituer le suivant :

La résultante d'autant de forces que l'on veut appliquées au même point et dirigées suivant la même droite est égale à la somme algébrique de toutes ces forces.

Il y a équilibre lorsque cette somme algébrique est égale à zéro.

13. Composition de deux forces appliquées au même point et dont les directions forment un certain angle. — Nous savons déjà que deux forces appliquées au même point ont une résultante unique (8). Cette résultante est située dans le plan déterminé par les directions des deux forces, car s'il en était autrement, on pourrait conduire par le point d'application un plan laissant d'un côté les deux forces et de l'autre la résultante ; celle-ci agirait donc d'un côté de ce plan tandis que les deux forces agiraient de l'autre, ce qui est évidemment impossible. — De plus, la résultante est dirigée dans l'intérieur de l'angle formé par les directions des deux forces, car autrement on pourrait encore mener par le point d'application un plan laissant d'un côté les deux forces et de l'autre la résultante, ce qui ne saurait avoir lieu.

Lorsque les deux forces sont égales, leur résultante est dirigée suivant la bissectrice de l'angle formé par leurs directions. Dans ce cas, en effet, il n'y a pas de raison, eu égard à la symétrie de la figure, pour que la résultante fasse avec l'une des deux forces un angle plus grand ou plus petit que celui qu'elle fait avec l'autre force.

Pour trouver la direction de la résultante lorsque les deux forces sont inégales, nous nous servirons du lemme suivant :

Si aux sommets opposés d'un losange on applique quatre forces égales entre elles dirigées suivant les côtés, ces forces se font équilibre.

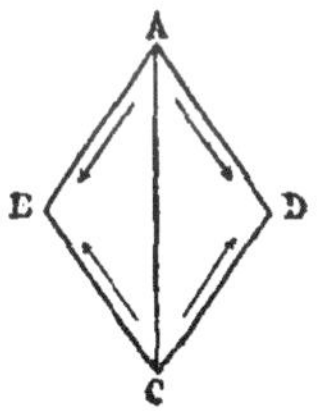

En effet, soit un losange ABCD dont les sommets sont invariablement liés entre eux. Appliquons aux points A et C quatre forces égales suivant les côtés et dans le sens indiqué par les flèches (fig. 6). La résultante des deux

Fig. 6.

forces appliquées en A est dirigée suivant la diagonale AC, bissectrice de l'angle BAD ; la résultante des deux forces appliquées en C est dirigée en sens contraire suivant la même diagonale. Or ces deux résultantes sont évidemment égales, donc elles se font équilibre et par suite aussi les quatre forces appliquées en A et C, ce qu'il fallait démontrer.

Parallélogramme des forces. — Théorème. — *La résultante de deux forces appliquées au même point et dont* *les directions forment un certain angle est représentée en direction et en intensité par la diagonale du parallélogramme construit sur les droites qui représentent les forces en direction et en intensité.*

Direction de la résultante. — Soient F, F′ deux forces appliquées au même point A (fig. 7), et supposons d'abord qu'une certaine force f prise pour commune mesure soit contenue exactement trois fois dans la force F et deux fois dans la force F′. En portant sur la direction AF à partir du point A trois longueurs égales entre elles AE, EG, GB, et sur la direction AF′ deux longueurs AM, MC égales entre elles et aux précédentes, nous pourrons considérer les distances AB, AC comme représentant les intensités des forces F, F′.

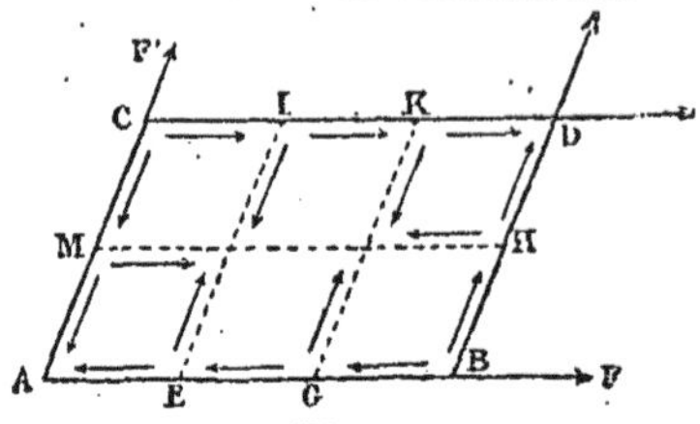

Fig. 7.

Construisons sur les lignes AB, AC le parallélogramme ABCD; menons par les points de division des lignes AB, AC les parallèles à ces lignes EI, GK, MH qui déterminent par leurs intersections des losanges égaux et supposons tous les points de la figure ainsi formée invariablement liés entre eux.

Aux points M et E dans le sens indiqué par les flèches, appliquons quatre forces égales à la commune mesure f; faisons de même aux points C et G, I et B, K et H. D'après le lemme qui précède, les forces composant chacun de ces groupes se font équilibre et l'état du système n'est pas changé (7).

Or les trois forces égales à f et agissant suivant AB peuvent être remplacées par une force unique égale à leur somme F et faisant par suite équilibre à la force F puisqu'elle est de sens opposé. De même, les deux forces égales à f et agissant suivant AC peuvent être remplacées par une force unique égale à la force F′ et lui faisant équilibre. — D'autre part, les forces égales à f et dirigées suivant EI, GK, MH se font équilibre deux à deux. Le système reste donc sollicité par l'action des trois forces égales chacune à f, agissant suivant CD et des deux forces égales aussi à f, agissant suivant BD. Ces forces peuvent être remplacées, les premières par une force unique égale à F, les autres par une force unique égale à F′, ces deux forces étant appliquées l'une et l'autre au point D.

On voit ainsi que les deux forces F, F′ appliquées en A peuvent être, sans que l'état du système soit modifié, transportées parallèlement à elles-mêmes au sommet D du parallélogramme ABCD.

La résultante de ces deux forces passe donc par le point D, et comme il est clair qu'elle passe également par le point A, elle est dirigée suivant la diagonale AD du parallélogramme ABCD.

On arrive à la même conclusion lorsque les forces que l'on considère n'ont pas de commune mesure. En effet, soient F, F′ deux forces incommensurables et supposons qu'une force f étant contenue un nombre exact de fois dans la force F, soit contenue m fois dans la force F′ avec un reste moindre que f. En nommant F″ la force égale à mf, le théorème sera applicable aux forces F et F″ puisqu'elles sont commensurables. Or en supposant la force f de plus en plus petite, F″ s'approche indéfiniment d'être égale à F′, donc le théorème est encore vrai pour les forces incommensurables F et F′.

Intensité de la résultante. — Nous venons d'établir que la résultante des forces F, F′ est dirigée suivant la diagonale AD du parallélogramme ABCD (fig. 8), nous allons maintenant démontrer que son intensité est représentée par la longueur AD de cette diagonale.

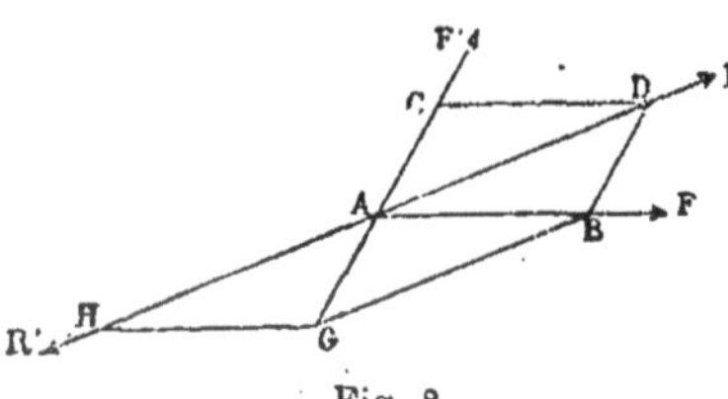

Fig. 8.

Pour cela, nommons R la résultante et supposons appliquée en A une force R′ égale et contraire à la force R. Les trois forces F, F′, R′ sont alors en équilibre et par suite l'une quelconque d'entre elles, F′ par exemple, est égale et directement opposée à la résultante des deux autres (8). La résultante des forces F et R′ est donc dirigée suivant AG prolongement de AC. Si nous menons BG parallèle à AR′, et par son point G de rencontre avec AG, la ligne GH parallèle à AB, nous déterminerons ainsi la longueur AH qui représentera l'intensité de la force R′ et de son égale R. Or AH = BG = AD comme parallèles comprises entre parallèles, donc l'intensité de la résultante R des deux forces F, F′ est représentée par la longueur de la diagonale AD, ce qu'il fallait démontrer.

Remarque. — Il résulte de ce qui précède que deux forces appliquées au même point, et non dirigées suivant la même droite, ne peuvent se faire équilibre, car on peut construire sur leurs directions un parallélogramme dont la diagonale est leur résultante.

14. Relations entre la résultante et les composantes. — Les trois forces F, F′, R

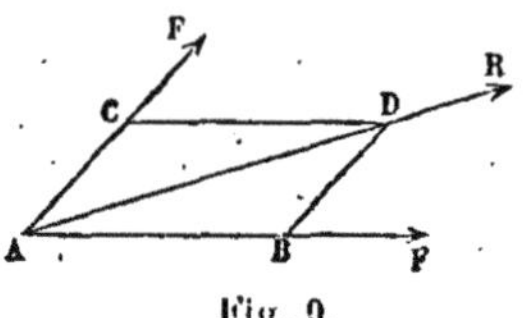

Fig. 9.

(fig. 9) ont leurs intensités représentées par les côtés de l'un quelconque des triangles en lesquels est partagé le parallélogramme ABCD, le triangle ABD par exemple. L'angle DAB de ce triangle est l'angle que font les directions des forces R et F, de même l'angle ADB est égal à l'angle des forces R et F′ et enfin l'angle DBA est le supplément de l'angle des forces F et F′. Or la trigonométrie donne les relations

$$(1) \qquad \frac{R}{\sin (F, F')} = \frac{F}{\sin (R, F')} = \frac{F'}{\sin (R, F)},$$

$$(2) \qquad R^2 = F^2 + F'^2 + 2F.F' \cos (F, F').$$

Donc si l'on considère deux forces F, F′ appliquées au même point dans des directions différentes, et leur résultante R, on voit que les rapports de chaque force au sinus de l'angle formé par les directions des deux autres sont égaux entre eux. On voit également que la résultante peut être exprimée en fonction des composantes et de l'angle qu'elles forment entre elles.

Si dans la formule (2), on suppose l'angle (F, F′) égal à zéro, c'est-à-dire les deux forces agissant dans le même sens suivant la même droite; il vient $R = F + F'$.

Si dans la même formule, on suppose l'angle (F, F′) égal à 180°, c'est-à-dire les deux forces agissant en sens contraire suivant la même droite, on trouve $R = F - F'$.

Ces résultats sont conformes à ceux obtenus plus haut (11).

Remarque. — Les relations qui viennent d'être établies sont applicables à trois forces situées dans le même plan et qui se font équilibre en agissant sur un même point. En effet, l'une quelconque d'entre elles est égale et directement opposée à la résultante des deux autres (8).

15. Décomposition d'une force en deux autres de directions données. — Étant donnée une force représentée en direction et en intensité par une droite AD (fig. 10), si l'on veut la décomposer en deux autres dirigées suivant les droites AB, AC situées dans le même plan avec AD, il suffira de mener par le point D des

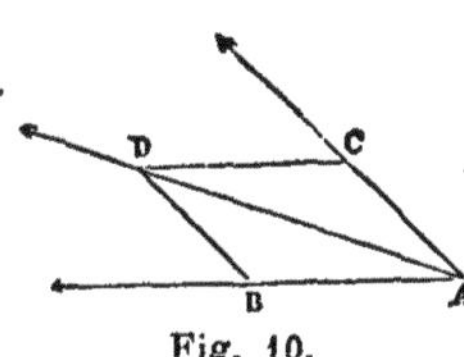

Fig. 10.

droites DB, DC respectivement parallèles aux directions AC, AB. On formera ainsi un parallélogramme ABCD dont les côtés AB, AC représenteront les intensités des forces demandées.

Le problème qui consiste à décomposer une force en plus de deux autres suivant des directions données dans le même plan avec cette force, est un problème indéterminé.

16. Composition d'un nombre quelconque de forces appliquées au même point. — Polygone des forces. — Soient un certain nombre de forces appliquées au même point O, et représentées en direction et en intensité par les droites OA, OB, OC, OD (fig. 11). Pour déterminer leur résultante, nous composerons d'abord les forces OA et OB par la règle du parallélogramme des forces et nous obtiendrons ainsi leur résultante OE. Nous composerons ensuite cette résultante avec la force OC, puis la nouvelle résultante OF ainsi obtenue, avec la force OD. La dernière résultante OH sera celle du système des forces proposées.

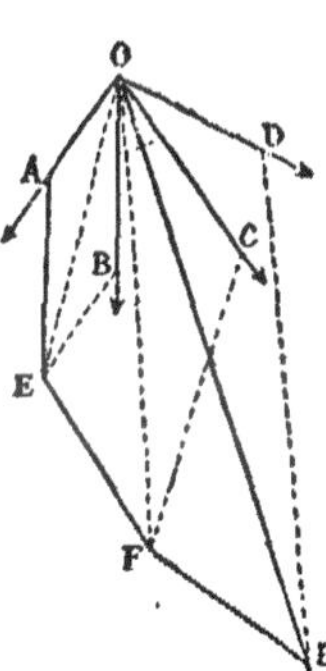

Fig. 11.

Il est facile de voir que la ligne OH ferme le contour d'un polygone dont les côtés sont respectivement égaux et parallèles aux droites qui représentent en direction et en intensité les forces données. — Il suffit donc pour trouver la résultante, de former le contour polygonal AEFH comme l'indique la figure 12 et de joindre le point O à son extrémité H.

Condition d'équilibre. — Pour que plusieurs forces appliquées au même point soient en équilibre, il faut que le contour polygonal, formé comme il vient d'être dit, se ferme de lui-même. — Dans ce cas, en effet, la résultante des forces proposées est égale à zéro. La condition est d'ailleurs suffisante.

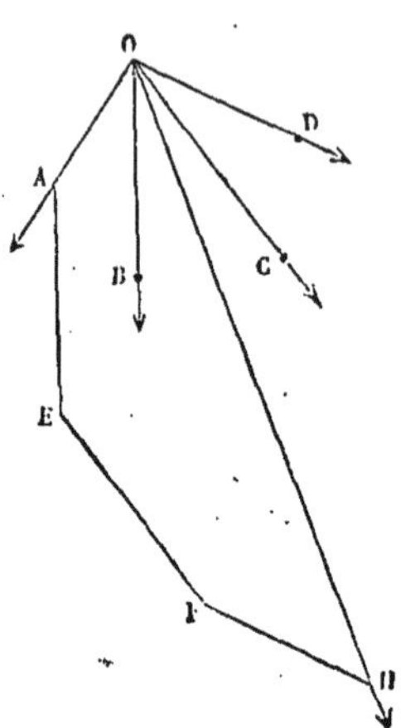

Fig. 12.

17. Cas particulier. — Parallélipipède des forces. — *La résultante de trois forces appliquées au même point, et dont les directions ne sont pas situées dans le même plan, est représentée en direction et en grandeur par la diagonale du parallélipipède construit sur les droites qui représentent en grandeur et en direction les trois forces données.*

En effet, soient trois forces appliquées au même point O (fig. 13) et dirigées suivant les droites OA, OB, OC non situées dans le même plan. Supposons que les longueurs OA, OB, OC représentent respectivement les intensités de ces forces.

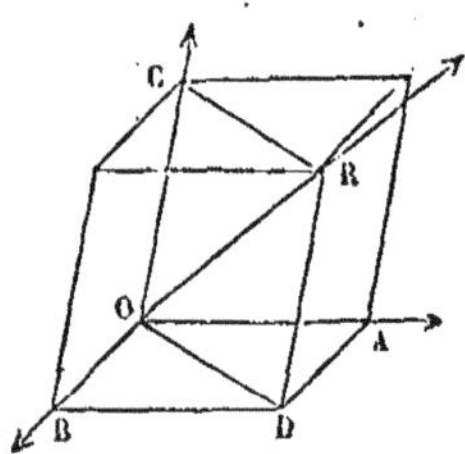

Fig. 13.

La résultante des deux forces OA, OB, est représentée par la diagonale OD du parallélogramme OADB ; cette résultante composée avec la force OC en formant le parallélogramme ODCR, donne pour résultante du système des trois forces proposées la diagonale OR, et il est aisé de reconnaître que cette droite OR est une diagonale du parallélipipède construit, comme le montre la figure, sur les droites OA, OB, OC comme arêtes. Le théorème est donc démontré.

Remarque. — Trois forces appliquées au même point et dont les directions ne sont pas situées dans le même plan ne sauraient se faire équilibre, puisqu'on peut toujours construire sur les droites qui représentent leurs directions et leurs intensités un parallélipipède dont la diagonale issue du point d'application représente la résultante des forces proposées.

18. Relations entre la résultante et les composantes. — Lorsque le parallélipipède construit sur les trois forces est rectangle, on a, d'après un théorème de géométrie élémentaire :

$$R^2 = F^2 + F'^2 + F''^2.$$

R représentant la résultante et F, F' F'' les trois forces que l'on compose.

On a également dans le cas du parallélipipède rectangle en nommant α, β, γ les angles formés par la direction de la résultante avec les directions des composantes F, F', F'' :

$$F = R \cos \alpha$$
$$F' = R \cos \beta$$
$$F'' = R \cos \gamma.$$

Remarque. — Si l'on ajoute ces trois dernières relations après avoir élevé chacune d'elles au carré, on trouve

$$F^2 + F'^2 + F''^2 = R^2 (\cos^2 \alpha + \cos^2 \beta + \cos^2 \gamma),$$

et comme $F^2 + F'^2 + F''^2 = R^2$, il vient simplification faite :

$$1 = \cos^2 \alpha + \cos^2 \beta + \cos^2 \gamma.$$

Donc la somme des carrés des cosinus des angles formés par la direction de la résultante de trois forces rectangulaires avec les directions de ces forces est égale à l'unité.

19. Décomposition d'une force en trois autres de directions données non situées dans le même plan.

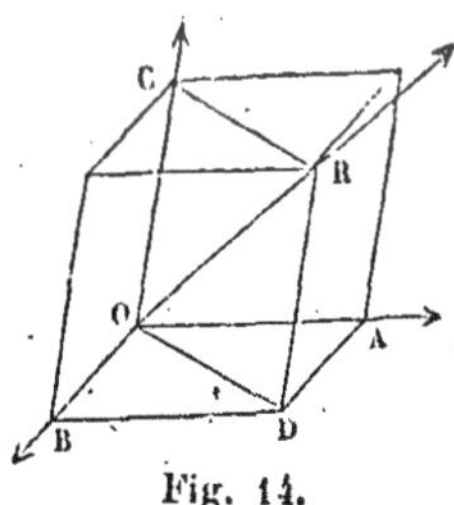

Fig. 14.

— Soit à décomposer la force R ayant pour intensité OR (fig. 14), en trois autres dirigées suivant les droites OA, OB, OC non situées dans le même plan. On obtiendra les intensités de ces trois forces en menant par le point R trois plans respectivement parallèles aux plans des directions données. Ces trois plans couperont les droites aux points A, B, C, et les distances OA, OB, OC représenteront les intensités demandées. On voit en effet que OR est ainsi la diagonale d'un parallélipipède ayant pour arêtes OA, OB, OC.

Le problème qui consiste à décomposer une force en plus de trois autres dans des directions données est un problème indéterminé.

§ II

FORCES PARALLÈLES.

20. Composition de deux forces parallèles agissant dans le même sens.

Théorème. — *Deux forces parallèles agissant dans le même sens et appliquées à deux points liés invariablement entre eux ont une résultante égale à leur somme. Cette résultante leur est parallèle, agit dans le même sens qu'elles et partage la ligne qui joint leurs points d'application en deux parties inversement proportionnelles à leurs intensités.*

Soient les deux forces parallèles F, F′ (fig. 15), appliquées aux deux points A et B liés l'un à l'autre invariablement par la ligne droite AB. Suivant la direction AB, appliquons en A et B deux forces égales et opposées *f*: l'état du système ne sera pas changé. Supposons que les longueurs AC, BD représentent les intensités des forces F et F′ et composons d'une part les forces F et *f*, de l'autre les forces F′ et *f*. Les directions des résultantes AS, TB sont concourantes et vont se rencontrer en un point M. Ce point étant supposé invariablement lié aux points A et B, on peut y transporter les points d'application des forces S et T, puis décomposer ces forces chacune en deux autres suivant des directions parallèles à la droite AB et aux lignes AF, BF′. On obtient ainsi quatre forces qui reproduisent celles appliquées primitivement en A et B, savoir deux forces égales chacune à *f* dirigées en sens contraires et deux autres forces égales l'une à la force F, l'autre à la force F′, dirigées suivant la droite MO. Les deux forces égales à *f* se détruisent; les deux autres se décomposent en une force R=F+F′ dont le point d'application peut être transporté en O, ce dernier point étant supposé invariablement lié au point M. La force R est ainsi la

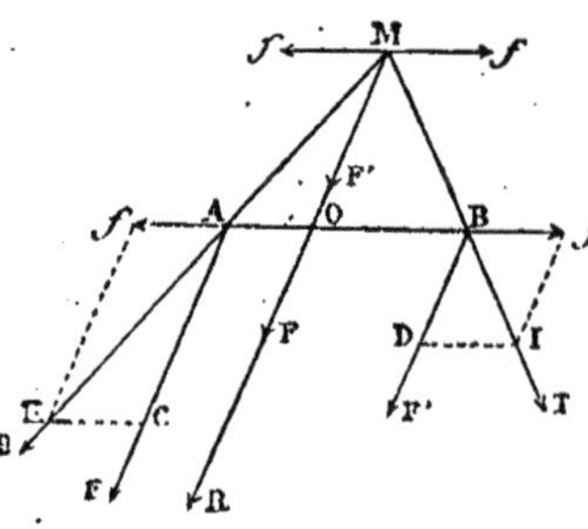

Fig. 15.

résultante des deux forces données F et F′ ; on voit qu'elle est égale à leur somme, leur est parallèle et agit dans le même sens qu'elles. Il reste à trouver la position de son point d'application O sur la droite AB.

Or les triangles semblables ACK, AOM donnent :

$$\frac{F}{MO} = \frac{f}{AO}$$

et les triangles semblables BDI, MOB donnent :

$$\frac{F'}{MO} = \frac{f}{OB} \cdot$$

Divisant membre à membre les deux égalités, il vient :

$$\frac{F}{F'} = \frac{OB}{OA} \qquad (1)$$

Le point d'application de la résultante partage donc la droite AB en parties inversement proportionnelles aux intensités des composantes, et le théorème est démontré.

Remarque I. — La proportion (1) peut s'écrire

$$\frac{F}{OB} = \frac{F'}{OA}$$

on en tire :

$$\frac{F}{OB} = \frac{F + F'}{OB + OA} = \frac{R}{AB}$$

on a donc :

$$\frac{F}{OB} = \frac{F'}{OA} = \frac{R}{AB} \cdot$$

On voit ainsi qu'il y a égalité entre les rapports de chacune des forces à la ligne qui joint les points d'application des deux autres.

Remarque II. Entre les six quantités F, F′, R, AO, OB, AB il existe les trois relations :

$$R = F + F'$$
$$AB = OB + OA$$
$$\frac{F}{F'} = \frac{OB}{OA} \cdot$$

Trois de ces six quantités étant données, on pourra donc

déterminer les trois autres, sauf le cas où les données seraient les trois forces, ou bien encore les distances de leurs points d'application.

21. Composition de deux forces parallèles agissant en sens contraires. — Théorème. — *Deux forces parallèles et de sens contraires ont une résultante égale à leur différence. Cette résultante leur est parallèle; elle agit dans le sens de la plus grande des deux forces et elle rencontre la ligne qui joint leurs points d'application en un point dont les distances à ceux-ci sont inversement proportionnelles aux intensités des forces proposées.*

Soient (fig. 16) les deux forces parallèles F, F′, appliquées

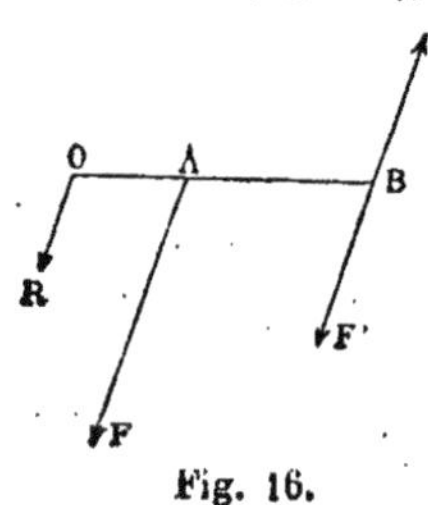

en A et B, et agissant en sens contraires. Il résulte du théorème précédent que l'on peut remplacer la force F, supposée la plus grande des deux forces proposées, par deux autres forces parallèles et de même sens, l'une F′ appliquée en B et l'autre R = F — F′ appliquée en un point O tel que l'on ait :

$$\frac{OA}{AB} = \frac{F'}{F - F'} \cdot \qquad (1)$$

Or les deux forces F′ appliquées au point B se font équilibre, il ne reste donc plus à considérer que la force R, qui est ainsi la résultante du système.

De la proportion qui précède, on tire :

$$\frac{OA}{OA + AB} = \frac{F'}{F}$$

ou

$$\frac{OA}{OB} = \frac{F'}{F} \cdot$$

Le théorème est donc démontré.

Remarque. — On tire de la proportion (1) :

$$OA = AB \times \frac{F'}{F - F'} \cdot$$

De plus, on vient de voir que la résultante R est égale à F — F′. Si donc les forces F et F′ sont égales entre elles, la distance OA devient infinie et la résultante est égale à zéro, ce qui signifie évidemment que la résultante n'existe pas. — Deux forces parallèles égales et de sens contraires n'ont donc pas de résultante unique. On donne le nom de *couple* au système formé de deux forces dans ces conditions.

22. Composition d'un nombre quelconque de forces parallèles. — Pour composer plusieurs forces

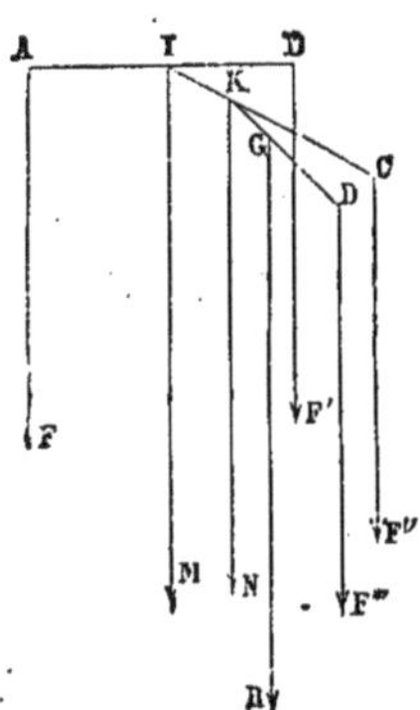

Fig. 17.

parallèles F, F′, F″.... (fig. 17) de même sens, appliquées à des points A, B, C.... liés invariablement entre eux, on commence par composer deux d'entre elles, F et F′ par exemple ; on obtient ainsi une première résultante M appliquée en un certain point I. On compose ensuite cette résultante avec une troisième force F″, ce qui donne une seconde résultante N, que l'on compose avec la quatrième force et ainsi de suite. La dernière résultante trouvée R est celle du système proposé : elle est parallèle aux composantes et égale à leur somme. Elle agit d'ailleurs dans le même sens que les forces proposées.

Lorsque l'on demande la résultante de forces parallèles entre elles dont les unes agissent dans un sens et les autres dans le sens opposé, on compose d'abord toutes celles qui agissent dans le même sens, puis toutes celles qui agissent dans le sens contraire. On obtient ainsi deux résultantes parallèles entre elles et de sens opposés. Si ces deux résultantes sont égales et non directement opposées, elles constituent un couple et le système des forces données n'a pas de résultante unique. Si elles sont inégales, elles ont une résultante unique qui est ainsi la résultante de tout le système. Enfin si elles sont égales et directement opposées, le système est en équilibre.

23. Centre des forces parallèles. — Lorsque l'on compose un nombre quelconque de forces parallèles, la position du point d'application de leur résultante dépend seulement de la position des points d'application des composantes et des rapports d'intensité qui existent entre elles. Si donc on fait tourner toutes les forces parallèles composant un système autour de leurs points d'application supposés invariables, en conservant leur parallélisme et en leur laissant leurs intensités (ou encore modifiant ces dernières en conservant leurs rapports), la résultante du système passera constamment par le même point. Ce point se nomme *le centre des forces parallèles.*

§ III.

MOMENTS DES FORCES.

24. Définition. — On nomme *moment* d'une force par rapport à un point, le produit de l'intensité de cette force par la longueur de la perpendiculaire abaissée du point sur sa direction.

25. Moments des forces appliquées au même point. — Théorème de Varignon. — *Si l'on suppose un nombre quelconque de forces appliquées au même point et situées dans le même plan, le moment de la résultante de ces forces par rapport à un point de leur plan est égal à la somme algébrique des moments des composantes.*

1° *Cas de deux forces.* — Soient (fig. 18) F, F′ deux forces

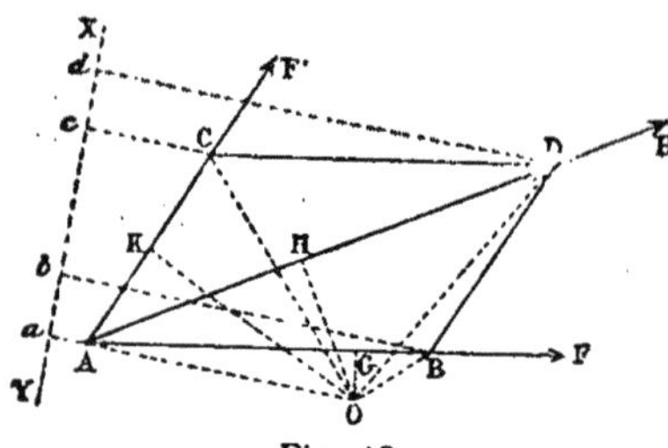

Fig. 18.

appliquées en un point A, AB, AC, leurs intensités respectives et R leur résultante ayant pour intensité la diagonale AD du parallélogramme ABCD. Prenons un point O dans le plan des forces et supposons-le d'abord situé en dehors de l'angle BAC et de son opposé par le sommet. Abaissons de ce point les perpendiculaires OH, OG, OK sur la direction des forces. Les moments de celles-ci vaudront $R \times OH$, $F \times OG$, $F' \times OK$. Il s'agit de démontrer que l'on a :

$$R \times OH = F \times OG + F' \times OK \qquad (1)$$

Or les produits contenus dans cette égalité représentent le double des aires de trois triangles ayant pour sommet commun le point O et pour bases les droites AD, AB, AC. Il suffit donc d'établir que l'aire du premier de ces triangles est égale à la somme des aires des deux autres.

Joignons AO : les triangles AOD, AOB, AOC peuvent être regardés comme ayant pour base commune AO : leurs sommets sont alors les points D, B, C et l'on obtiendra leurs hauteurs ad, ab, ac en projetant sur un axe XY perpendiculaire à la base AO les points D, B, C. Or, on a $ad = ab + bd$ ou $= ab + ac$, car les droites bd et ac sont égales comme projections sur un même axe de deux droites BD, AC, égales et parallèles.

L'aire du triangle AOD est donc égale à la somme des aires des triangles AOB, AOC, puisque sa hauteur est égale à la somme des hauteurs de ceux-ci et l'égalité (1) est démontrée.

Prenons maintenant le point O dans l'intérieur de l'angle BAC (fig. 19) et répétons la même construction que pour le cas qui précède. Les trois triangles AOD, AOB, AOC ont pour base commune AO et pour hauteurs ad, ab, ac. Or nous avons ici $ad = ac - cd$ ou $= ac - ab$, car les droites ab et cd sont

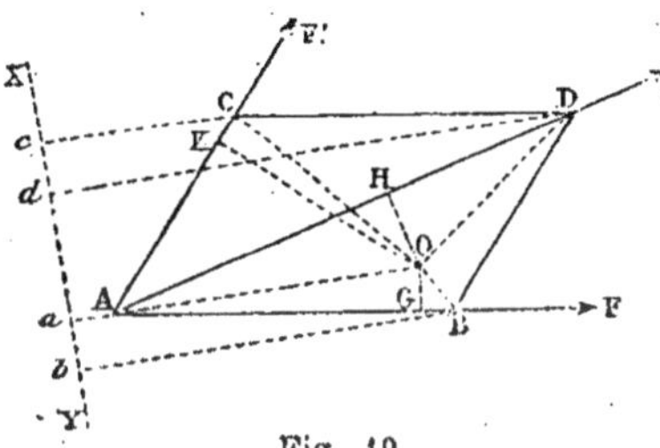

Fig. 19.

égales comme projections sur un même axe de deux droites AB, CD égales et parallèles. Donc l'aire du triangle AOD est égale à la différence des aires des triangles AOC, AOB, puisque sa hauteur est égale à la différence des hauteurs de ceux-ci, d'où résulte l'égalité :

$$R \times OH = F' \times OK - F \times OG \qquad (2)$$

On arriverait au même résultat si l'on prenait le point O dans l'intérieur de l'angle opposé par le sommet à l'angle BAC.

Le moment de la résultante est par suite dans ce cas égal à la différence des moments des composantes, mais on peut encore le regarder comme égal à leur somme moyennant la convention suivante.

faire tourner là figure dans le même sens autour du point O,
tandis que dans la figure 19, les deux forces R, F′ tendent à
faire tourner dans un sens et la force F dans le sens contraire
autour du point O. On convient alors de considérer comme
positifs les moments des forces qui tendent à faire tourner dans
un certain sens (d'ailleurs arbitraire) autour du point O, et
comme *négatifs* les moments des forces qui tendent à faire
tourner dans le sens contraire. De cette façon, les résultats
donnés par les égalités (1) et (2) peuvent être renfermés dans
cet énoncé : *le moment de la résultante de deux forces appliquées au même point par rapport à un point de leur plan est
égal à la somme algébrique des moments des composantes.*

Considérons enfin le cas particulier où le point O est pris

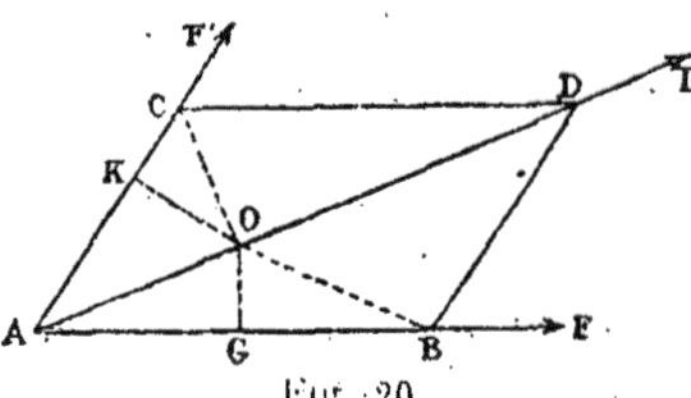

Fig. 20.

sur la direction de la résultante (fig. 20). Alors le moment
de la résultante est égal à zéro
et les moments des composantes
sont $F \times OG$ et $F' \times OK$. Or les
triangles AOB, AOC sont équi-
valents comme ayant même
base AO et hauteurs égales, donc $F \times OG = F' \times OK$ et
comme d'ailleurs ces moments sont de signes contraires, leur
somme est égale à zéro, c'est-à-dire vaut encore le moment
de la résultante.

2° *Cas d'un nombre quelconque de forces.* — Soient maintenant $F_1, F_2, F_3, F_4 \ldots F_n$, autant de forces que l'on voudra
situées dans le même plan et appliquées à un même point.
Nommons $R_1, R_2, R_3 \ldots R$, les résultantes que l'on obtient successivement en composant F_1 et F_2, R_1 et F_3, R_2 et $F_4 \ldots$ et
soient $f_1, f_2, f_3, f_4 \ldots f_n, r_1, r_2, r_3, r_{n-2} r$ les distances d'un
point O pris dans le plan des forces, aux directions de celles-ci.
Nous aurons d'après ce qui précède :

$$R_1 r_1 = F_1 f_1 + F_2 f_2,$$
$$R_2 r_2 = R_1 r_1 + F_3 f_3,$$
$$R_3 r_3 = R_2 r_2 + F_4 f_4.$$

$$\cdots \cdots \cdots \cdots$$

$$R r = R_{n-2} r_{n-2} + F_n f_n.$$

Additionnant membre à membre et supprimant ensuite les termes communs aux deux membres du résultat, il vient :

$$Rr = F_1 f_1 + F_2 f_2 + F_3 f_3 + F_4 f_4 + \ldots + F_n f_n.$$

Le théorème est donc démontré.

Remarque. — Si le point par rapport auquel on prend les moments des forces est situé sur la direction de la résultante, le moment de cette dernière force est nul, puisque le facteur $r = 0$, donc la somme algébrique des moments des composantes est égale à zéro. Il y a ainsi dans ce cas égalité entre la somme des moments des forces qui tendent à faire tourner dans un certain sens autour du point choisi et la somme des moments des forces qui tendent à faire tourner dans le sens contraire.

Réciproquement, si la somme algébrique des moments de plusieurs forces par rapport à un certain point de leur plan est égale à zéro, le moment Rr de la résultante est lui-même égal à zéro, donc s'il est certain que la résultante n'est pas nulle, le facteur r est égal à zéro, ce qui indique que le point par rapport auquel on a pris les moments est situé sur la direction elle-même de la résultante des forces considérées.

Il est clair d'ailleurs que si la somme algébrique des moments des forces est égale à zéro, quelle que soit la position dans le plan de ces forces du point par rapport auquel on prend les moments, la résultante R est égale à zéro et les forces sont en équilibre.

26. Moments des forces parallèles par rapport à un point. — Le théorème de Varignon est applicable aux forces parallèles.

Soient en effet (fig. 21) F, F′ deux forces parallèles appliquées aux points A et B et soit R leur résultante appliquée en C. D'un point O pris dans le plan de ces forces, abaissons sur leurs directions la perpendiculaire OK. Les moments de la résultante et des composantes sont respectivement

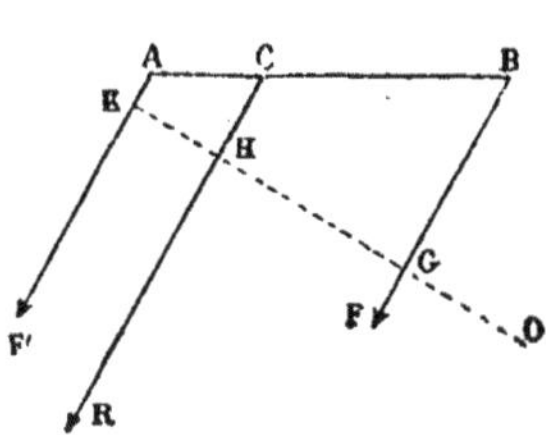

Fig. 21.

$$R \times OH, \quad F \times OG, \quad F' \times OK.$$

Nous allons démontrer que l'on a

$$R \times OH = F \times OG + F' \times OK.$$

La force R étant la résultante des forces F, F', on a la proportion (20).

$$\frac{F}{F'} = \frac{AC}{BC}.$$

D'autre part la géométrie donne :

$$\frac{AC}{BC} = \frac{KH}{HG}.$$

Donc

$$\frac{F}{F'} = \frac{KH}{HG},$$

ou encore

$$\frac{F}{F'} = \frac{OK - OH}{OH - OG},$$

on tire de cette proportion

$$F \times OH - F \times OG = F' \times OK - F' \times OH,$$

égalité qui donne

$$(F + F') \, OH = F \times OG + F' \times OK,$$

mais $F + F' = R$, donc le théorème est démontré.

Si l'on prenait le point O entre les forces F et F', entre R et F par exemple, on obtiendrait :

$$R \times OH = F' \times OK - F \times OG,$$

et ce résultat peut être renfermé avec le précédent dans un même énoncé comme pour les forces appliquées au même point si l'on conserve les conventions qui ont été faites relativement aux signes des moments (25).

Le théorème est également applicable au cas d'un nombre quelconque de forces parallèles situées dans le même plan. La démonstration est la même que celle donnée plus haut (25. 2e cas) pour plusieurs forces appliquées au même point.

La remarque du n° 25 est applicable au cas des forces parallèles.

27. Moments des forces parallèles par rapport à un plan. — On nomme *moment d'une force par rapport à un plan* le produit de l'intensité de cette force par la distance de son point d'application au plan.

Théorème. — *Le moment de la résultante d'un nombre quelconque de forces parallèles par rapport à un plan est égal à la somme algébrique des moments des composantes par rapport à ce plan.*

1° *Cas de deux forces.* — Soient (fig. 22) F, F′ deux forces

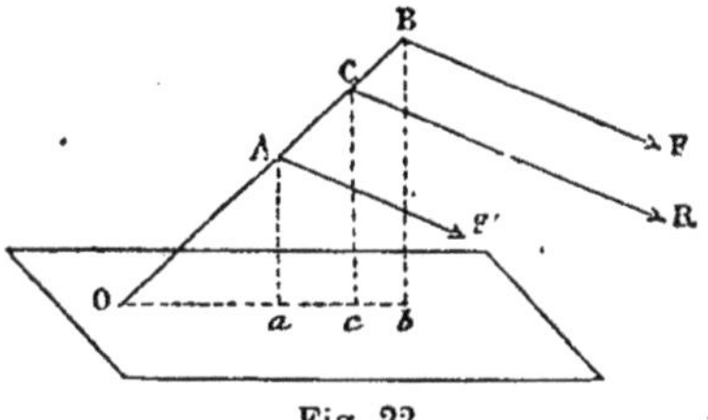

Fig. 22.

parallèles, R leur résultante, A, B, C les points d'application de ces trois forces. Il est d'abord évident que le théorème est vrai si l'on prend les moments par rapport à un plan parallèle à la droite AB. Soit donc un plan P tel que la ligne AB le rencontre en un certain point O et prenons les moments par rapport à ce point; si nous appliquons le théorème qui précède (26) après avoir fait cette remarque que les longueurs OC, OA, OB sont proportionnelles aux distances du point O aux directions des forces, nous aurons :

$$R \times OC = F \times OB + F' \times OA.$$

Mais les longueurs OC, OB, OA sont elles-mêmes proportionnelles aux projetantes Cc, Bb, Aa des points C, B, A : nous aurons donc aussi :

$$R \times Cc = F \times Bb + F' \times Aa,$$

c'est-à-dire que le moment de la résultante est égal à la somme des moments des composantes, ce qu'il fallait démontrer.

Lorsque les forces sont de sens contraires, on affecte les unes du signe plus et les autres du signe moins. De même lorsque le plan choisi laisse de côté et d'autre les points d'application des forces, on considère comme positives les distances au plan des points situés d'un côté de celui-ci, et comme négatives celles des points situés de l'autre côté. Les moments sont ainsi positifs ou négatifs suivant que leurs facteurs sont de même signe ou de signes contraires.

2° *Cas d'un nombre quelconque de forces.* — La démonstration est absolument la même que celle qui a été donnée pour le théorème de Varignon (25. 2ᵉ cas).

CHAPITRE III

CENTRES DE GRAVITÉ.

---

28. Définitions. — On sait que l'action de la pesanteur s'exerce sur toutes les molécules d'un corps : chacune d'elles peut donc être considérée comme étant sollicitée par une force qui l'attire vers le centre de la terre. Toutes ces forces agissant sur des points très-voisins les uns des autres sont très-sensiblement parallèles ; elles ont par suite une résultante parallèle à leur direction et égale à leur somme. Cette résultante est le *poids* du corps.

Or quelle que soit la position que l'on donne à un corps, les forces parallèles de la pesanteur appliquées à tous les points de ce corps conservent leur parallélisme et leur intensité : leur résultante passe donc constamment par le même point. Ce point est le *centre de gravité* du corps.

On peut dire que le centre de gravité d'un corps est le centre des forces parallèles de la pesanteur qui s'appliquent à ce corps.

29. Conventions. — Dans ce qui va suivre, on supposera que les corps dont on s'occupe sont *homogènes*, c'est-à-dire sont formés d'une même substance distribuée uniformément dans toute leur étendue, de telle sorte que deux ou plusieurs parties d'un même corps ayant des volumes égaux ont aussi des poids égaux.

Quoique les surfaces et les lignes n'aient évidemment pas de poids, on leur attribue des centres de gravité, ce qui est fort utile pour la détermination des centres de gravité des corps solides. — Le centre de gravité d'une ligne est le centre des forces parallèles de la pesanteur que l'on suppose appliquées à tous les points de la ligne, de telle sorte qu'à des longueurs égales correspondent des résultantes égales. — De même, le centre de gravité d'une surface est le centre des forces parallèles de la pesanteur que l'on suppose appliquées à tous les points de cette surface, de telle sorte qu'à des aires égales correspondent des résultantes égales.

30. Principes généraux. — 1° *Lorsqu'un corps homogène a un plan de symétrie, son centre de gravité est dans ce plan.* — En effet, les molécules du corps sont placées symétriquement deux à deux de chaque côté du plan ; la résultante des actions de la pesanteur s'exerçant sur deux quelconques symétriques d'entre elles a donc son point d'application dans le plan de symétrie, lequel contient par suite le point d'application de la résultante finale, c'est-à-dire le centre de gravité.

2° *Lorsqu'un corps homogène a un axe de symétrie, son centre de gravité est sur cet axe.* — En effet si l'on compose deux à deux les forces de la pesanteur s'exerçant sur les molécules placées symétriquement par rapport à l'axe, tous les points d'application des résultantes partielles et par suite celui de la résultante finale sont situés sur l'axe.

3° *Lorsqu'un corps homogène a un centre de figure, ce point est le centre de gravité du corps.* — En effet, un centre de figure partage en deux parties égales toutes les droites de la figure qui y passent en aboutissant de part et d'autre aux droites ou surfaces qui limitent la figure. Or si l'on considère deux molécules quelconques situées sur une droite passant par le centre de figure et à égale distance de ce point, la résultante de leurs poids sera appliquée au centre de figure. Ce dernier est donc le point d'application de la résultante finale, c'est-à-dire est le centre de gravité.

4° *Lorsqu'un corps peut se décomposer en plusieurs parties ayant toutes leurs centres de gravité dans le même plan ou sur la même droite, il a son centre de gravité situé dans ce plan ou sur cette droite.* — En effet l'action de la pesanteur sur chaque partie du corps peut être représentée par une force unique égale au poids de la partie considérée et appliquée au centre de gravité de cette partie. Si donc toutes ces forces ont leur point d'application dans le même plan ou sur la même droite, le point d'application de leur résultante, c'est-à-dire le centre de gravité du corps est lui-même dans le plan ou sur la droite.

31. Conséquences. — Il résulte immédiatement des principes qui précèdent, (1°), (2°), (3°), que :

Le centre de gravité d'une ligne droite est en son milieu ;

Le centre de gravité d'une circonférence ou d'un cercle est situé au centre lui-même de ce cercle ;

Le centre de gravité d'un parallélogramme est à l'intersection des diagonales ;

Le centre de gravité d'un parallélipipède est à l'intersection des diagonales ;

Le centre de gravité de la surface ou du volume d'une sphère est situé au centre même de la sphère.

32. Centre de gravité du périmètre d'un triangle. — Soit le triangle ABC (fig. 23). Le centre de gravité de chacun de ses côtés est situé au milieu de ce côté ; on peut par suite considérer le périmètre de la figure comme sollicité par trois forces parallèles appliquées aux points K, I, L milieux des côtés et proportionnelles aux longueurs AC, AB, BC de ces côtés. Si l'on compose les forces appliquées en L et en K, leur résultante sera appliquée en un point D de la droite KL tel que l'on ait :

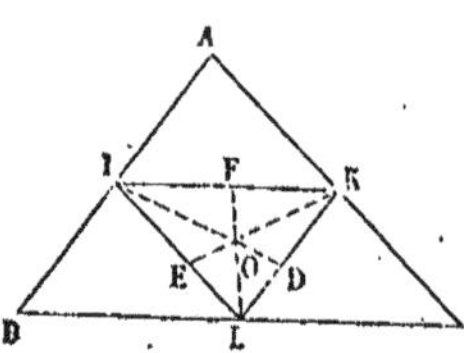

Fig. 23.

$$\frac{DK}{DL} = \frac{BC}{AC},$$

puisque les forces appliquées aux points K et L sont respectivement proportionnelles aux longueurs AC et BC.

La résultante du système des trois forces aura donc son point d'application situé sur la droite ID. Or si l'on joint KI, IL, on forme le triangle KIL semblable au triangle ABC et l'on a la proportion

$$\frac{BC}{AC} = \frac{IK}{IL}.$$

Comparant cette proportion avec la précédente, il vient

$$\frac{DK}{DL} = \frac{IK}{IL}.$$

Par suite la droite ID est bissectrice de l'angle KIL. Le centre de gravité demandé est donc situé sur la bissectrice de l'un des angles KIL, du triangle formé en joignant les milieux des côtés du triangle ABC. Or en composant dans un ordre différent les forces appliquées en K, I, L, on trouverait encore que la résultante de ces forces a son point d'application situé sur la bissectrice d'un second angle du triangle KIL : donc ce point d'application est à la rencontre des bissectrices des angles du triangle KIL.

Donc enfin, *le centre de gravité du périmètre d'un triangle est situé au centre du cercle inscrit dans le triangle formé en joignant les milieux des côtés du triangle donné.*

Remarque. — Pour déterminer la position du centre de gravité d'un contour polygonal quelconque, on n'a qu'à supposer appliquées aux milieux des côtés de ce contour des forces parallèles proportionnelles aux longueurs de ces côtés ; on compose ces forces, et le point d'application de leur résultante est le centre de gravité demandé.

33. Centre de gravité de l'aire d'un triangle. — 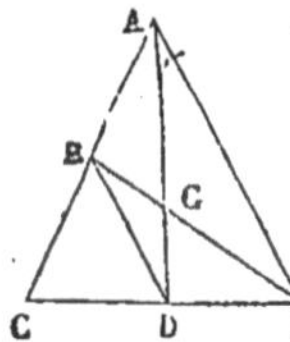
Soit le triangle ABC (fig. 24). Supposons-le décomposé en tranches infiniment minces au moyen de parallèles à l'un des côtés, BC par exemple : le centre de gravité de chacune de ces tranches pourra être regardé comme se confondant avec celui de l'une des droites qui la limitent.

Fig 24. Si donc on mène la médiane AD, comme elle passe par les milieux de toutes les parallèles à BC, elle contiendra les centres de gravité des tranches en lesquelles on a décomposé le triangle, et par suite aussi le centre de gravité du triangle lui-même. On prouverait par un raisonnement semblable que ce centre de gravité se trouve également sur la médiane BE, donc il est situé en G point de rencontre de cette médiane avec la première. Or si l'on joint DE, on forme un triangle EGD semblable au triangle AGB et l'on a la proportion :

$$\frac{DG}{AG} = \frac{DE}{AB}.$$

Mais la droite DE est la moitié de AB, car elle joint les milieux des côtés AC, BC, donc la ligne $DG = \frac{1}{2} AG$ et par suite est égale au tiers de AD. Ainsi *le centre de gravité de l'aire d'un triangle est situé sur l'une quelconque des médianes de ce triangle, en son tiers à partir du côté sur lequel elle tombe.*

Remarque I. — Le centre de gravité d'un triangle ABC (fig. 24) n'est autre que celui d'un système de trois poids égaux (ou forces égales parallèles) qui seraient appliqués aux trois sommets A, B, C. — En effet, si l'on compose les deux poids égaux appliqués en B et en C, la résultante sera égale au double de l'un d'eux et sera appliquée au milieu D de la droite BC. Cette résultante composée avec le poids placé en A donnera la résultante finale dont le point d'application sera en G, puisqu'il doit partager la droite AD en segments inversement proportionnels aux forces appliquées en D et en A, c'est-à-dire aux nombres 2 et 1.

Remarque II. — Pour déterminer le centre de gravité de l'aire d'un polygone quelconque, on le décompose au moyen de diagonales en triangles aux centres de gravité desquels on suppose appliquées des forces parallèles et de même sens, proportionnelles aux aires de ces triangles. On compose ces forces et le point d'application de leur résultante est le centre de gravité demandé.

34. Centre de gravité de l'aire d'un trapèze. — Soit le trapèze ABCD (fig. 25). On reconnaît d'abord aisément en supposant ce trapèze décomposé en tranches infiniment minces au moyen de parallèles aux bases, que le centre de gravité doit être situé sur la droite IK qui joint les milieux des bases. — Il s'agit maintenant de chercher quelle position il doit

Fig. 25.

occuper sur cette droite. Pour cela, menons la diagonale BD, joignons BI, DK; prenons $IF = \frac{BI}{3}$, $KE = \frac{KD}{3}$ et joignons FE. Le point G de rencontre de cette droite avec IK est le centre de gravité du trapèze, car les points F et E sont les centres de gravité des aires des triangles qui le composent. —

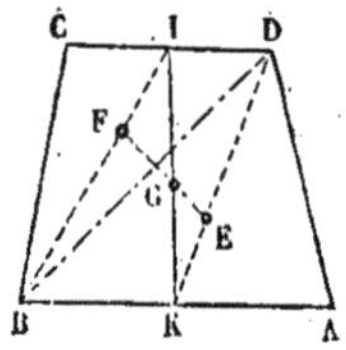

Si nous voulons déterminer le rapport des segments GK, IG, dans lesquels le point G partage la ligne IK, nous supposerons appliquées en G, F, E, trois forces parallèles et de même sens respectivement proportionnelles aux aires du trapèze et des deux triangles BCD, BDA qui le composent et nous imaginerons un plan passant par BA et mené perpendiculairement au plan de la figure. En faisant usage du théorème des moments des forces parallèles par rapport à un plan (27), nous aurons B et b représentant les bases du trapèze, h sa hauteur, et x la distance du point G à la base AB :

$$\left(\frac{B+b}{2}\right) hx = \frac{Bh}{2} \times \frac{h}{3} + \frac{bh}{2} \times \frac{2h}{3}$$

et simplifiant :

$$(B+b)\, x = \frac{h}{3}\, (B + 2b) \qquad\qquad (1)$$

Concevons maintenant par la petite base CD un plan perpendiculaire à celui de la figure et prenons les moments par rapport à ce plan des forces appliquées en G, F, E ; nous aurons en nommant y la distance du point G à la base CD, et en appliquant encore le théorème des moments

$$\left(\frac{B+b}{2}\right) hy = \frac{Bh}{2} \times \frac{2h}{3} + \frac{bh}{2} \times \frac{h}{3}$$

et simplifiant :

$$(B+b)\, y = \frac{h}{3}\, (2B + b) \qquad\qquad (2)$$

Divisant membre à membre les relations (1) et (2), il vient :

$$\frac{x}{y} = \frac{B + 2b}{2B + b}$$

Or le rapport $\dfrac{GK}{GI}$ est égal à $\dfrac{x}{y}$, donc *le centre de gravité d'un trapèze est situé sur la ligne qui joint les milieux des bases et il divise cette droite en deux parties qui sont entre elles comme la grande base plus deux fois la petite est à la petite base plus deux fois la grande.*

On déduit de là la construction suivante pour déterminer la

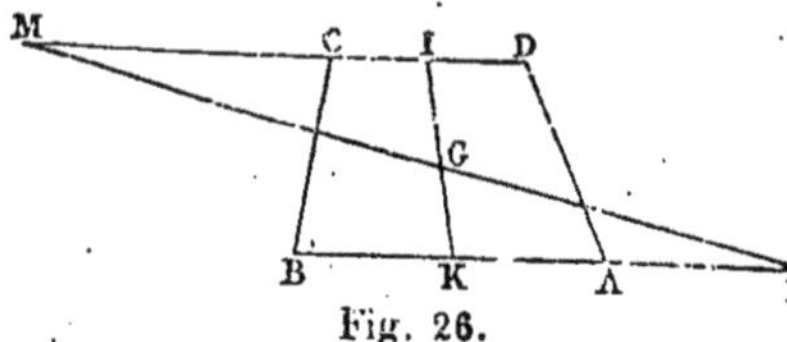

Fig. 26.

position du centre de gravité d'un trapèze ABCD (fig. 26) : ayant joint entre eux les milieux des bases de la figure, on prolonge la petite base d'une longueur CM égale à la grande base et, celle-ci dans le sens opposé, d'une longueur AN égale à la petite base. On joint MN et le point G où cette ligne rencontre la droite IK est le centre de gravité demandé. En effet, les triangles semblables NGK, MIG donnent :

$$\frac{GK}{GI} = \frac{KN}{IM}$$

Or $KN = \dfrac{B}{2} + b$, $IM = \dfrac{b}{2} + B$, donc en multipliant par 2 les termes du rapport $\dfrac{KN}{IM}$, on a :

$$\frac{GK}{GI} = \frac{B + 2b}{b + 2B}\, .$$

35. Centre de gravité de l'aire d'un quadrilatère quelconque. — Soit le quadrilatère ABCD (fig. 27). Menons la diagonale BC et joignons son milieu M aux sommets A et D. Les centres de gravité des triangles BAC, BDC sont situés en E et F à des distances $EM = \dfrac{1}{3} AM$ et $FM = \dfrac{1}{3} DM$.

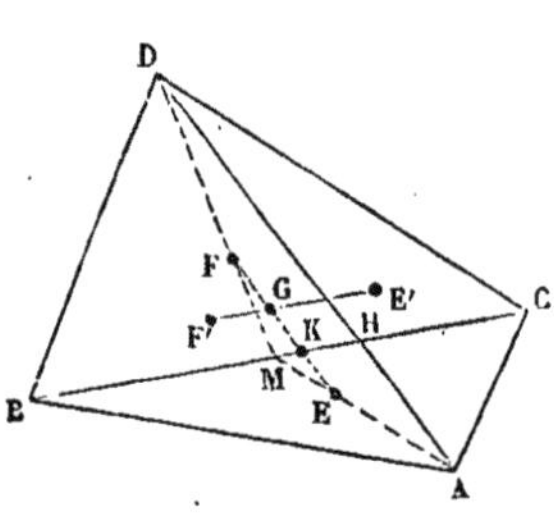

Fig. 27.

Le centre de gravité du quadrilatère sera donc situé sur la droite EF.

D'autre part si l'on détermine les centres de gravité F′, E des triangles DBA, DCA, on voit que le centre de gravité de la figure est situé sur la droite F′E′ ; il est donc au point G où cette droite rencontre FE. On peut d'ailleurs se dispenser de déterminer la droite F′E′, à l'aide des considérations suivantes.

Le centre de gravité doit partager la droite EF en parties inversement proportionnelles aux aires S, S′ des triangles BAC, BDC. Or ces triangles ayant même base BC, sont dans le même rapport que leurs hauteurs et il est facile de reconnaître que ces dernières sont proportionnelles aux lignes AH, HD. Mais la droite EF est parallèle à DA, car elle partage les droites MA, MD en segments proportionnels, on a donc :

$$\frac{AH}{HD} = \frac{KE}{KF}$$

d'où il résulte :

$$\frac{S}{S'} = \frac{KE}{KF} \cdot$$

Donc on doit avoir :

$$\frac{GE}{GF} = \frac{KF}{KE}$$

d'où :

$$\frac{GE}{GE + GF} = \frac{KF}{KF + KE} \cdot$$

Donc enfin :

$$GE = KF.$$

Ayant donc joint deux sommets opposés A et D du quadrilatère au milieu M de la diagonale menée entre les deux autres sommets, on prendra le tiers à partir du point M des lignes ainsi obtenues, puis on joindra les points E et F ainsi trouvés et l'on portera sur EF à partir du point E une longueur GE égale à la distance KF du point F au point de rencontre de FE avec la diagonale BC. Le point G, extrémité de cette longueur, sera le centre de gravité demandé.

36. Centre de gravité d'un prisme. — Considérons d'abord un prisme triangulaire ABCDEF (fig. 28), et supposons-le partagé en tranches infiniment minces au moyen de plans menés parallèlement aux bases. La droite gg' qui joint les centres de gravité des bases contient les centres de gravité de toutes les tranches et par suite aussi celui du prisme lui-même. D'autre part si l'on mène le plan MNP parallèlement aux bases par le milieu de la hauteur du solide, ce plan contient également le centre de gravité demandé, car il partage en deux parties égales toutes les droites menées dans le solide

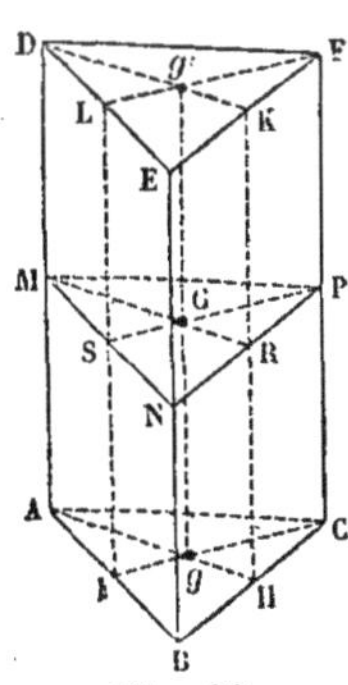

Fig 28.

3

parallèlement aux arêtes. Donc enfin, le centre de gravité du prisme est à l'intersection G de ce plan avec la droite gg'.

Si maintenant le prisme est quelconque, le raisonnement qui précède est encore applicable, donc *le centre de gravité d'un prisme est situé à la rencontre de la droite qui joint les centres de gravité des bases avec un plan mené parallèlement à celles-ci et à égale distance de chacune d'elles.*

87. Centre de gravité d'une pyramide. — Soit la

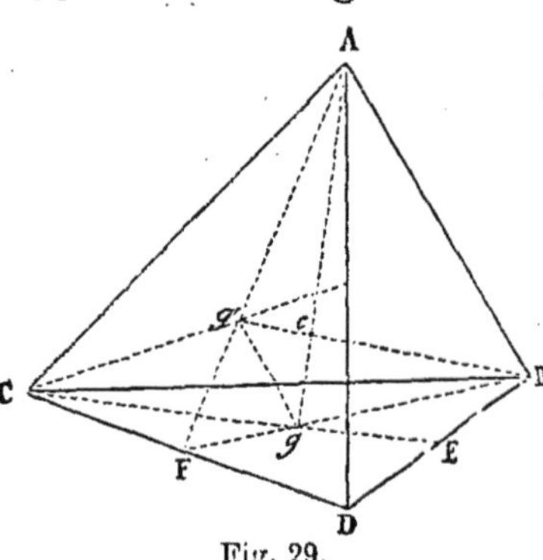

Fig. 29.

pyramide triangulaire ABCD (fig. 29). Supposons-la décomposée en tranches infiniment minces au moyen de plans parallèles à l'une des faces, BCD, par exemple, et menons la ligne Ag joignant le sommet A au centre de gravité g de la face BCD. Cette droite contiendra les centres de gravité de toutes les tranches composant la pyramide, et par suite le centre de gravité du solide entier s'y trouvera placé. Pour une raison semblable, ce centre de gravité doit également se trouver sur la droite Bg' qui joint le sommet B au centre de gravité g' de la face ACD. Il est donc au point c de rencontre des droites Ag, Bg'.

Donc *le centre de gravité d'une pyramide triangulaire est situé au point de rencontre des droites qui joignent les sommets aux centres de gravité des faces opposées.*

Si nous joignons gg', nous formerons un triangle cgg' semblable au triangle AcB, car gg' divisant les côtés FA, FB en parties proportionnelles $\left(\mathrm{F}g = \dfrac{\mathrm{FB}}{3}\text{ et }\mathrm{F}g' = \dfrac{\mathrm{FA}}{3}\right)$, est parallèle à AB. Or ces triangles semblables donnent :

$$\frac{cg}{cA} = \frac{gg'}{AB} = \frac{Fg}{FB} = \frac{1}{3}$$

donc $cg = \dfrac{\mathrm{A}c}{3}$ ou égale $\dfrac{\mathrm{A}g}{4}$. On peut donc dire encore que *le centre de gravité d'une pyramide triangulaire est situé sur la droite qui joint un sommet quelconque au centre de gravité de la face opposée, au quart de cette droite à partir de la face ou aux trois quarts à partir du sommet.*

Considérons maintenant une pyramide quelconque SABCD (fig. 30). Si nous la supposons partagée en tranches infiniment minces au moyen de plans parallèles à la base ABCD, la droite SG_1, qui joint le sommet au centre de gravité de la base, contiendra les centres de gravité de toutes les tranches, et par suite aussi le centre de gravité de la pyramide. D'autre part, si l'on décompose la pyramide en tétraèdres au moyen d'un plan passant par le sommet S et la diagonale BD, les centres de gravité de ces tétraèdres seront situés en g et g' sur un plan *abcd* mené parallèlement à la base ABCD au quart de la hauteur du solide à partir de la base. Le centre de gravité du solide total sera donc également situé dans ce plan (30, 4°). Par suite, il est au point G, où le plan est rencontré par la droite SG_1. Ainsi *le centre de gravité d'une pyramide quelconque est situé sur la droite qui joint le sommet au centre de gravité de la base, au quart de cette droite à partir de la base ou aux trois quarts à partir du sommet.*

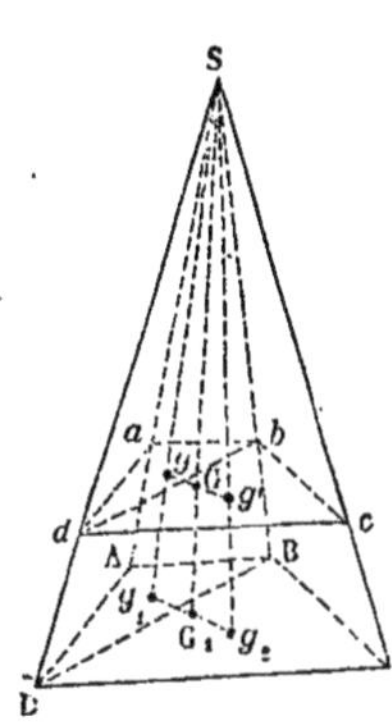
Fig. 30.

Remarque. — Le centre de gravité d'une pyramide triangulaire n'est autre que celui d'un système de quatre poids égaux ou forces égales parallèles appliquées aux quatre sommets de la pyramide. — En effet si l'on suppose quatre forces égales et parallèles appliquées aux sommets du tétraèdre ABCD (fig. 29), la résultante des deux forces appliquées en B et D sera appliquée au milieu E de BD et sera égale au double de l'une des forces. En composant cette résultante avec la force appliquée en C, on obtiendra une nouvelle résultante égale au triple de l'une des forces et appliquée au point g qui partage la droite CE en parties proportionnelles à deux et un. Enfin cette dernière résultante composée avec la quatrième force appliquée en A, donnera une résultante finale appliquée au point c puisque l'on a $cg = \dfrac{1}{3}\,Ac.$

38. Nous nous contenterons d'énoncer les propositions suivantes qui se déduisent aisément de celles relatives aux centres de gravité du prisme et de la pyramide :

Le centre de gravité d'un cylindre droit à base circulaire est situé au milieu de l'axe.

Le centre de gravité d'un cône droit à base circulaire est sur l'axe au quart de sa longueur à partir de la base ou aux trois quarts à partir du sommet.

39. Méthode pratique pour déterminer le centre de gravité d'un corps. — On peut, pour déterminer pratiquement la position du centre de gravité d'un corps quelconque, suspendre ce corps à un point fixe au moyen d'une corde attachée à l'un des points de sa surface : la direction de la corde prolongée passe par le centre de gravité puisque le corps est en équilibre. On répète cette expérience en suspendant le corps par un second point de sa surface et l'on obtient ainsi une nouvelle direction sur laquelle se trouve le centre de gravité. Ce dernier est donc déterminé.

CHAPITRE IV

COMPOSITION D'UN SYSTÈME QUELCONQUE DE FORCES. — CONDITIONS D'ÉQUILIBRE.

40. Théorème. *Un système formé d'un nombre quelconque de forces appliquées à un corps solide peut être réduit à deux forces, dont l'une passe par un point pris à volonté.*

Soient (fig. 31) F, F′, F″..... autant de forces que l'on voudra

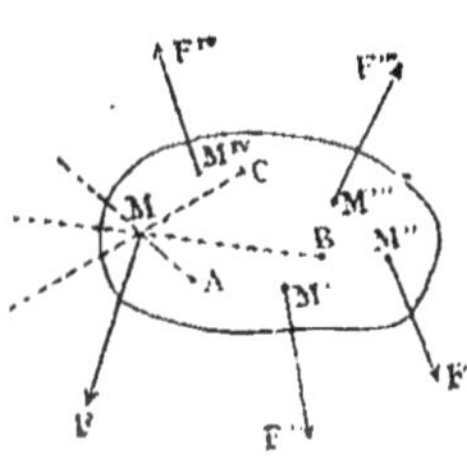

Fig. 31.

appliquées à des points M, M′, M″... d'un corps solide invariablement liés entre eux. Prenons à volonté trois points A, B, C, soit appartenant au corps, soit même situés au dehors de ce corps, pourvu que, dans ce cas, ils soient liés invariablement aux points M, M′, M″..... La force F peut être décomposée en trois autres forces dirigées suivant les droites MA, MB, MC (19) et l'on peut transporter les points d'application de ces dernières forces respectivement en A, B et C (10). La force F se trouve ainsi remplacée par trois forces appliquées l'une en A, la seconde en B et la troisième en C. Si l'on fait subir la même transformation aux autres forces F′, F″...., on voit que le système de toutes les forces considérées sera remplacé par trois groupes de forces appliquées aux trois points A, B, C; et comme chacun de ces groupes peut être remplacé lui-même par une résultante unique, le système des forces F, F′, F″.... se trouve ainsi réduit à trois forces P, Q, S appliquées en A, B et C (fig. 32).

Supposons maintenant qu'ayant joint CA, CB, on fasse passer un plan par CA et la direction AP de la force P, et un second plan par CB et la direction BQ de la force Q. Soit CD l'inter-section de ces deux plans et O un point lié invariablement au système considéré et pris sur l'intersection CD ou bien dans le plan PACBQ dans le cas où les deux plans CAP, CBQ se confondraient. La force P peut être décomposée en deux autres forces dirigées suivant les droites AO, AC (15), et les points d'application de ces deux forces peuvent être transportés respectivement en O et en C (10). D'un autre côté, la force Q peut être remplacée par deux forces dirigées suivant les droites BO, BC et dont on transportera les points d'application en O et en C. Le système des trois forces P Q S est donc actuellement remplacé par cinq forces, dont deux appliquées en O et trois appliquées en C.

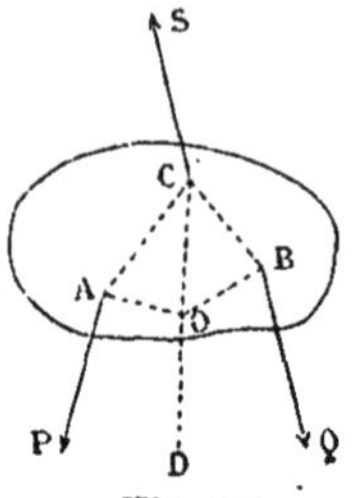

Fig. 32.

Les deux premières se composent en une seule R et les trois autres en une seule R′. En résumé donc, toutes les forces qui composaient le système considéré primitivement sont réduites à deux, dont l'une passe par le point C qui a été pris à volonté.

Le théorème est donc démontré, c'est-à-dire qu'en général *un système d'autant de forces que l'on veut, appliquées à dif-férents points d'un corps solide, peut être réduit à deux forces, dont l'une est appliquée à un point pris à volonté, soit parmi ceux du corps, soit en dehors, pourvu qu'on le suppose alors lié invariablement aux points du corps.*

41. Conditions pour qu'un système de forces ait une résultante unique. — Si les deux forces R et R′ auxquelles on réduit un système quelconque de forces appliquées à un corps solide sont dans le même plan et ne sont pas parallèles, elles admettent une résultante unique puisqu'elles vont alors concourir au même point. Elles ont encore une résultante unique lorsqu'étant parallèles elles ne sont pas égales et de sens contraires. Si elles sont parallèles, égales, et de sens con-traires, elles forment *un couple* et par suite le système n'a pas de résultante unique. Enfin si elles ne sont pas dans le même plan, elles n'ont pas de résultante unique.

Supposons en effet que deux forces R, R' appliquées à un corps et non situées dans le même plan aient une résultante unique. Si nous appliquons au corps une force F égale et directement opposée à cette résultante, les trois forces F, R, R' seront en équilibre (fig. 33). Or fixons un point K sur la direction de la force R et un point H sur la direction de la force F : l'équilibre ne sera pas troublé et, comme les actions des forces R et F se trouvent détruites, celle de la force R' doit l'être également, ce qui exige que sa direction soit rencontrée en un certain point G par la droite KH qui joint les deux points que l'on a fixés et qui peut être ainsi regardée comme formant un axe fixe. Si nous fixons maintenant un second point K' de la direction de la force R et le point H, nous reconnaîtrons comme ci-dessus que la droite K'H doit rencontrer en un certain point G' la direction de la force R'. Cette dernière serait donc alors avec R dans le plan des deux droites KG, K'G', ce qui est contre l'hypothèse. Donc enfin les deux forces R, R' non situées dans le même plan, ne sauraient avoir une résultante unique.

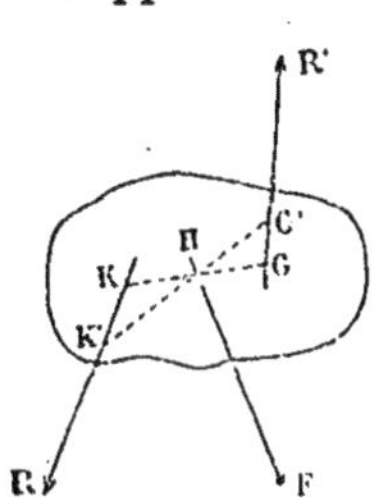

Fig. 33.

En résumé : *un système d'autant de forces que l'on veut appliquées à un corps solide n'a de résultante unique que si les deux forces auxquelles se réduit le système, n'étant pas en équilibre, sont dans le même plan et n'y forment pas un couple.*

42. Condition générale de l'équilibre d'un corps solide libre. — Théorème. — *Pour qu'un système d'un nombre quelconque de forces appliquées à un corps solide libre soit en équilibre, il faut et il suffit que les deux forces auxquelles peut être réduit le système soient égales et directement opposées.*

·La condition est nécessaire. Supposons en effet que les deux forces R, R' auxquelles a été réduit un système de forces appliquées à un corps se fassent équilibre. Si nous fixons un point quelconque sur la direction de la force R, l'équilibre ne sera pas troublé (7) et comme l'action de la force R sera alors détruite, l'action de la force R' le sera également, ce qui exige que sa direction passe par le point fixe. Cette direction devant passer par un point *quelconque* de la direction de la force R se confond avec cette dernière direction, et les deux forces R, R′ dirigées suivant la même droite étant en équilibre, il en résulte qu'elles sont égales et de sens contraires, ce qu'il fallait démontrer.

Il est d'ailleurs évident que si les forces R, R′ sont égales et directement opposées elles se font équilibre, donc la condition est suffisante.

43. Conditions de l'équilibre d'un corps gêné par un obstacle. — La condition générale de l'équilibre qui vient d'être établie suppose que le corps auquel sont appliquées les forces est entièrement libre dans l'espace. — Nous nous proposerons actuellement d'examiner moyennant quelles conditions a lieu l'équilibre d'un corps gêné dans ses mouvements par un obstacle. Nous considérerons trois cas, suivant que l'obstacle est un point fixe, un axe fixe ou un plan inébranlable.

1° *L'obstacle est un point fixe*. Si des forces en nombre quelconque sont appliquées à un corps mobile en tous sens autour d'un point fixe, on peut les réduire à deux, dont l'une passe par ce point et se trouve ainsi détruite ; il faut donc et il suffit pour l'équilibre que l'autre force passe également par le point fixe, car autrement elle ferait tourner le corps autour de ce point. Les deux forces passant par le même point, s'y composent en une seule qui est ainsi la résultante de toutes les forces appliquées au corps. Par suite, la condition d'équilibre peut se formuler ainsi :

Il faut et il suffit que toutes les forces appliquées au corps mobile autour d'un point fixe aient une résultante unique passant par ce point fixe.

2° *L'obstacle est un axe fixe*. — Toutes les forces qui sollicitent un corps assujetti à tourner autour d'un axe fixe ayant été réduites à deux dont l'une passe par un point de l'axe, il n'y aura équilibre que si la seconde force est dans le même plan avec l'axe. En effet, si cette force est dans le même plan avec l'axe, ou elle le rencontre et se trouve alors détruite, ou elle lui est parallèle et tend alors à faire glisser le corps le long de l'axe, mouvement qui par hypothèse ne saurait exister. D'ailleurs si la seconde force n'était pas dans le même plan avec l'axe, il est clair qu'il n'y aurait pas équilibre, car elle ferait tourner le corps autour de l'axe. Nous pouvons donc énoncer ainsi qu'il suit la condition d'équilibre pour le cas où l'obstacle est un axe fixe :

Il faut et il suffit que toutes les forces qui sollicitent le corps ayant été réduites à deux dont l'une passe par un point de l'axe fixe, l'autre force soit située dans le même plan avec l'axe.

3° *L'obstacle est un plan inébranlable.* — Lorsqu'un point matériel est pressé contre un plan fixe et inébranlable par une force dirigée normalement à ce plan, il reste en équilibre. Il n'y a pas de raison en effet pour qu'il se meuve d'un côté plutôt que d'un autre, puisque toutes les directions qu'il pourrait prendre en se mouvant sur le plan forment le même angle avec la direction de la force.

Si au contraire la force qui presse le point matériel est inclinée sur le plan, on pourra la décomposer en deux autres : l'une normale au plan, qui sera détruite par la résistance du plan, l'autre située dans le plan, qui fera glisser le point matériel le long de ce plan. Il n'y aura donc pas dans ce cas équilibre.

La résistance d'un plan en un point peut donc être représentée par une force normale au plan en ce point. Par suite, lorsqu'un corps sollicité par autant de forces que l'on veut s'appuie par un seul point contre un plan inébranlable, *il faut et il suffit pour l'équilibre que toutes les forces appliquées au corps aient une résultante unique normale au plan et dont la direction passe par le point d'appui.*

Lorsqu'un corps s'appuie par plusieurs points contre un plan inébranlable, en chacun des points d'appui le plan oppose une résistance qui peut être représentée par une force normale au plan. Toutes ces résistances forment un système de forces parallèles et de même sens ayant une résultante unique dont la direction passe nécessairement dans l'intérieur du polygone convexe formé en joignant les points d'appui. De là résulte cette condition d'équilibre : *Toutes les forces appliquées à un corps qui s'appuie sur un plan par plusieurs points doivent avoir une résultante unique normale au plan et dont la direction passe dans l'intérieur du polygone convexe formé en joignant les points d'appui.*

Lorsqu'un corps s'appuie contre un plan par un seul point, la pression supportée par le plan est égale à la résultante des forces appliquées au corps.

S'il y a deux points d'appui A et B, on aura la pression en ces points, en décomposant la résultante des forces appliquées au corps (résultante qui doit nécessairement rencontrer le plan sur la droite joignant les points d'appui), en deux forces appliquées aux points A et B.

Supposons maintenant qu'il y ait trois points d'appui O, O', O″ non en ligne droite (fig. 34). Joignons ces points entre eux et soit I le point par lequel passe la résultante R des forces qui sollicitent le corps. On peut décomposer cette force R en deux forces parallèles f, f_4 appliquées en O et L, puis la force f_4 en deux autres parallèles f', f'' appliquées en O' et O″.

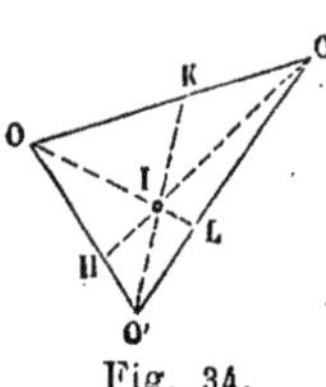
Fig. 34.

On a $\dfrac{f}{R} = \dfrac{IL}{OL}$ (20) et comme les triangles O'IO″, O'OO″ de même base O'O″ sont comme leurs hauteurs et aussi comme les droites IL, OL, on a en représentant par O'IO″, O'OO″ les surfaces de ces triangles :

$$\frac{f}{R} = \frac{O'IO''}{O'OO''},$$

on a de même,

$$\frac{f'}{R} = \frac{IK}{O'K} = \frac{OIO''}{OO'O''},$$

et

$$\frac{f''}{R} = \frac{IH}{O''H} = \frac{OIO'}{OO'O''},$$

on a donc la suite de rapports égaux

$$\frac{f}{O'IO''} = \frac{f'}{OIO''} = \frac{f''}{OIO'} = \frac{R}{OO'O''}.$$

On voit ainsi que la résultante R étant représentée par l'aire du triangle OO'O″ formé en joignant les points d'appui, les pressions supportées en ces points seront représentées respectivement par les aires de triangles ayant pour sommet commun le point d'application de la résultante et pour bases les côtés opposés du triangle total.

Remarque. — Lorsqu'il y a plus de trois points d'appui, ou plus de deux en ligne droite, les pressions en ces points sont théoriquement indéterminées. Dans la pratique, il n'en est pas ainsi : cette contradiction tient à ce que nous avons supposé les plans sur lesquels s'appuient les corps absolument fixes et inébranlables, tandis qu'en réalité il n'existe aucune surface rigoureusement inflexible.

CHAPITRE V

DES MACHINES SIMPLES.

44. Définitions. — On nomme *machines* des appareils à l'aide desquels on peut faire équilibre à certaines forces nommées *résistances* au moyen d'autres forces nommées *puissances* qui ne sont ni égales ni directement opposées aux premières.—On arrive à ce résultat en gênant dans leurs mouvements au moyen d'obstacles fixes, les corps qui composent les machines.

On nomme *machine simple* celle qui est formée d'un seul corps solide. Suivant que l'obstacle qui gêne le mouvement est un point fixe, une droite fixe ou un plan inébranlable, la machine prend le nom de *levier*, de *tour* ou *treuil*, ou de *plan incliné*.

DU LEVIER.

45. Définition. — Le levier est un corps solide de forme quelconque, mobile en tous sens autour d'un point fixe que l'on nomme *point d'appui*.

46. Condition générale d'équilibre du levier. — Pour qu'un levier sollicité par autant de forces que l'on voudra soit en équilibre, il faut et il suffit que toutes les forces qui lui sont appliquées aient une résultante unique passant par le point d'appui. En effet, toutes les forces que l'on suppose appliquées à un levier peuvent se réduire à deux (40) dont l'une

passe par un point pris à volonté et qui, par conséquent, peut
être le point d'appui. Cette force étant détruite par la résistance
de ce point, il faut donc et il suffit pour l'équilibre que l'autre
force soit également détruite et par suite qu'elle passe aussi
par le même point. Les deux forces passant toutes deux par le
point d'appui s'y composent en une seule qui est la résultante
de toutes les forces appliquées à la machine. Cette résultante
représente la pression exercée sur le point d'appui, abstraction
faite du poids du levier.

**47. Cas où le levier n'est sollicité que par deux
forces.** — Lorsqu'un levier n'est sollicité que par deux forces,
l'une est la *puissance* et l'autre la *résistance ;* cette dernière
provient de l'obstacle que l'on veut vaincre à l'aide de la puissance. Le poids du levier doit d'ailleurs être compté comme
une troisième force agissant sur la machine, à moins que, dans
la position d'équilibre, la verticale menée par le centre de
gravité de l'appareil ne passe par le point d'appui, auquel cas, en
effet, la force provenant du poids du levier se trouve détruite.

Nous nous proposerons de chercher les conditions d'équilibre d'un levier sollicité seulement par deux forces.

Soit donc (fig. 35) AFB un levier, P la puissance appliquée

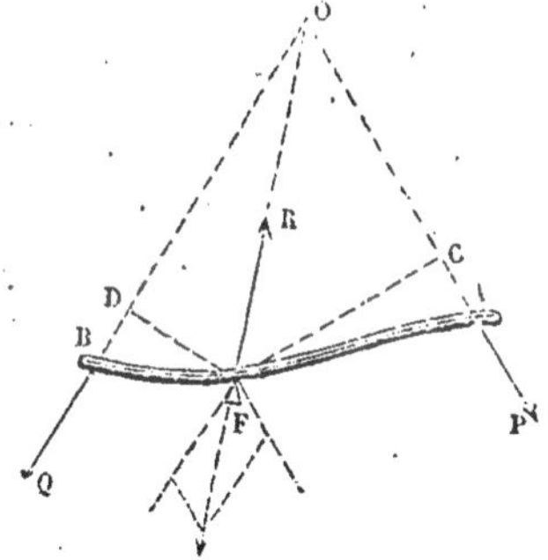

Fig. 35.

au point A, Q la résistance appliquée en B et F le point d'appui. Faisons abstraction du poids
de l'appareil.

Il y aura équilibre si les deux
forces P et Q ont une résultante
passant par le point F. Il faut
donc d'abord qu'elles soient dans
le même plan avec ce point. De
plus si l'on prend les moments
des deux forces par rapport au
point F, ces moments devront

être égaux et de signes contraires, car leur somme algébrique
doit être égale à zéro (25). On aura donc après avoir abaissé
les perpendiculaires FC, FD sur les directions des forces

$$P \times FC = Q \times FD,$$

d'où :

$$\frac{P}{Q} = \frac{FD}{FC},$$

ce qui signifie que les forces doivent être inversement proportionnelles à leurs distances au point d'appui.

En résumé donc, pour qu'un levier sollicité seulement par deux forces soit en équilibre, il faut et il suffit :

1° Que les directions de ces forces soient dans un même plan avec le point d'appui ;

2° Que leurs intensités soient inversement proportionnelles à leurs distances à ce point ;

3° Qu'elles tendent à faire tourner en sens contraire autour du point d'appui.

Remarques. — Les distances FC, FD se nomment : la première, le *bras de levier* de la puissance ; la seconde, le *bras de levier* de la résistance.

La pression supportée par le point d'appui est égale, toujours abstraction faite du poids du levier, à la résultante des forces P et Q. Elle vaut donc (14) :

$$\sqrt{P^2 + Q^2 + 2PQ \cos (P, Q)}$$

Si l'on veut tenir compte du poids du levier, il faut le considérer comme une force verticale appliquée au centre de gravité de la machine.

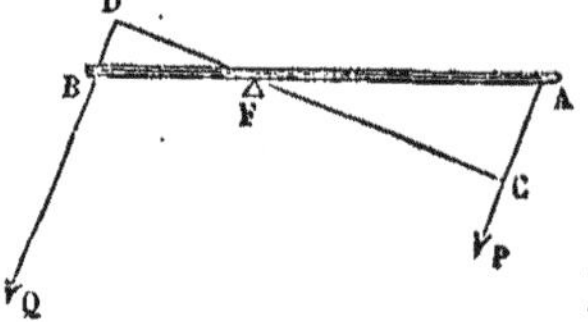

Fig. 36.

Lorsque le levier est une barre droite (fig. 36) et que la puissance et la résistance sont parallèles, les longueurs FA, FB sont proportionnelles aux bras de levier FC, FD. Dans le cas de l'équilibre, les forces P et Q sont donc inversement proportionnelles aux distances FA, FB.

48. Leviers de différents genres. — Lorsque, dans un levier, le point d'appui est situé entre la puissance et la résistance, le levier est dit du *premier genre.* Exemples : la balance ordinaire, les ciseaux, la pince des ouvriers. Lorsque la résistance est placée entre le point d'appui et la puissance, le levier est du *second genre.* Dans ce cas, le bras de levier de la puissance est plus grand que celui de la résistance, et par suite, cette dernière force est supérieure à la puissance. Exemples : la brouette, le casse-noisettes, les rames. Enfin lorsque la puissance est située entre le point d'appui et la résistance, le levier est du *troisième genre*. Dans ce levier, la puissance est supérieure à la résistance, car le bras de levier de cette dernière force est le plus grand. Exemples : les pincettes, la pédale du rémouleur.

Dans le levier du premier genre, la pression sur le point d'appui atteint son maximum lorsque les forces sont parallèles. Elle atteint son minimum dans les leviers des second et troisième genres, également lorsque les forces sont parallèles.

DES BALANCES.

49. Définition. — On nomme balances des instruments qui servent à déterminer le poids relatif des corps.

50. Balance ordinaire. — La balance ordinaire (fig. 37) se compose essentiellement d'un levier du premier genre

Fig. 37.

nommé *fléau*, aux extrémités duquel sont suspendus deux plateaux destinés à recevoir, l'un le corps à peser, l'autre les corps (grammes, kilogrammes, etc.) qui servent à déterminer son poids relatif. Le fléau est traversé perpendiculairement en son milieu par un prisme triangulaire qui fait corps avec lui et repose par son arête inférieure sur deux plans d'agate ou d'acier trempé. Cette arête est l'axe autour duquel le fléau peut osciller. Deux autres prismes sont adaptés aux extrémités du fléau ; leur arête vive dirigée en haut reçoit les crochets à l'aide desquels sont suspendus les plateaux. Les trois prismes faisant ainsi partie du fléau portent le nom de *couteaux*. Les points où les crochets des plateaux reposent sur les couteaux se nomment les *points de suspension* des plateaux.

Il importe, comme on le verra plus loin, que la droite qui joint les points de suspension passe par l'axe de rotation du fléau. Cette condition étant supposée remplie, on peut regarder le fléau comme une ligne droite aux extrémités de laquelle sont appliquées deux forces verticales égales aux poids des plateaux et des corps qui y sont contenus.

Une bonne balance doit être *juste* et *sensible*.

51. Conditions de justesse. — Une balance juste est celle dans laquelle deux poids égaux quelconques placés dans les plateaux se font exactement équilibre.

Il faut pour cela que les deux bras du fléau, c'est-à-dire les distances de l'axe de rotation aux points de suspension soient d'égale longueur, et que la verticale du centre de gravité du fléau passe par le point d'appui.

En effet, soient (fig. 38) $AO = l$, $OB = l'$, P la valeur commune des poids des deux plateaux chargés, et ω le poids du fléau que nous supposons appliqué en son centre de gravité G à une distance δ du point d'appui O. Le système étant en équilibre, on a en prenant les moments par rapport au point O (25. Remarque)

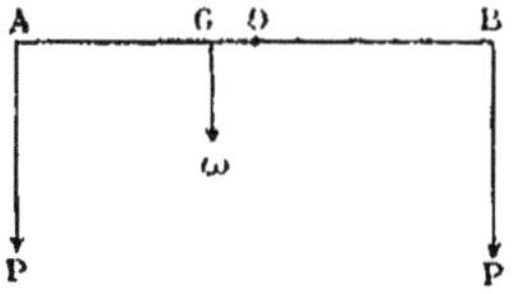

Fig. 38.

$$P \times l + \omega \times \delta - P \times l' = 0$$

ou

$$P(l - l') + \omega \times \delta = 0.$$

Cette relation devant exister pour toute valeur de P, il faut que l'on ait :

$$l = l' \quad \text{et} \quad \delta = 0.$$

C'est-à-dire que les bras du fléau doivent être égaux et que la verticale du centre de gravité du fléau doit passer par le point d'appui, ce qu'il fallait démontrer.

On reconnaît que la condition relative à la verticale du centre de gravité est remplie lorsque la balance étant au repos et placée sur un plan horizontal, la direction du fléau est elle-même horizontale. Dans cette position, la pointe d'une aiguille fixée au fléau se trouve sur le zéro d'un arc gradué relié à l'axe vertical sur lequel repose le fléau.

Quant à la condition d'égalité des bras du fléau, on reconnaît qu'elle est remplie lorsque, ayant mis dans les plateaux deux poids P, P′ qui s'y font équilibre, cet équilibre subsiste encore lorsqu'on vient à changer les poids de plateau. En effet on a alors en nommant l, l' les longueurs des bras du fléau et en prenant les moments par rapport au point d'appui :

$$P \times l = P' \times l'$$

et

$$P' \times l = P \times l',$$

multipliant membre à membre, il vient réductions faites :

$$l^2 = l'^2, \text{ d'où } l = l'.$$

Il est bien entendu qu'on a dû au préalable constater que la verticale du centre de gravité du fléau passe par le point d'appui.

Remarque I. — Lorsque, dans une balance, la condition relative à la verticale du centre de gravité est remplie, on peut obtenir exactement le poids d'un corps quand bien même les bras du fléau seraient inégaux. Il suffit pour cela de placer le corps dont on veut le poids x successivement dans les deux plateaux et de l'équilibrer dans ces deux positions. La valeur du poids demandé est la moyenne proportionnelle entre les résultats des deux pesées.

En effet, soient l, l' les longueurs des bras du fléau et P, P′ les poids qui font successivement équilibre au poids x du corps, on a en prenant les moments par rapport au point d'appui :

$$x \times l = P \times l'$$

et

$$x \times l' = P' \times l$$

multipliant membre à membre, il vient

$$x^2 = P \times P'$$

d'où

$$x = \sqrt{P \times P'},$$

ce qu'il fallait démontrer.

Remarque II. — On peut obtenir le poids exact d'un corps avec une balance qui n'est pas juste au moyen de la *double pesée de Borda*. Cette méthode consiste à faire équilibre au corps dont on veut connaître le poids à l'aide d'une substance quelconque, du sable par exemple ; puis à remplacer le corps par des poids marqués jusqu'à ce que l'équilibre soit rétabli. Ces poids représentent exactement celui du corps.

52. Conditions de sensibilité. — Une balance sensible est celle dont le fléau perd sa position horizontale pour une très-faible différence entre les poids placés dans les plateaux.

Pour qu'une balance soit sensible, il faut d'abord que le centre de gravité du fléau, placé au-dessous du point d'appui, soit très-rapproché de ce point.

Nous commencerons par établir que le centre de gravité du fléau doit être situé au-dessous du point d'appui.

En effet, si on le suppose placé au-dessus, dès que le fléau sera dérangé de sa position horizontale, il fera la bascule sans pouvoir reprendre cette position, puisque son poids agira dans le même sens que le bras incliné au-dessous de l'horizon, c'est-à-dire tendra à l'abaisser davantage. On dit alors que la balance est folle. Lorsque, dans ce cas, le fléau est horizontal, il est à l'état d'*équilibre instable*. On nomme ainsi l'état d'un corps qui dérangé de sa position d'équilibre tend à s'en écarter de plus en plus.

Imaginons ensuite le centre de gravité coïncidant avec le point d'appui. Il est aisé de voir qu'alors deux poids égaux se feront équilibre dans toutes les positions du fléau, et que pour la plus légère différence de poids, le fléau s'inclinera jusqu'à la rencontre d'un obstacle qui l'arrête. Une telle balance est à l'état d'*équilibre indifférent*. On nomme ainsi l'état d'un corps qui reste en équilibre dans toutes les positions qu'on lui donne.

Soit enfin (fig. 39) le fléau AOB ayant son centre de gravité G placé au-dessous du point d'appui O, et désignons par P chacun des poids égaux appliqués en A et B. Supposons que l'on dérange le fléau de sa position d'équilibre et qu'on l'amène

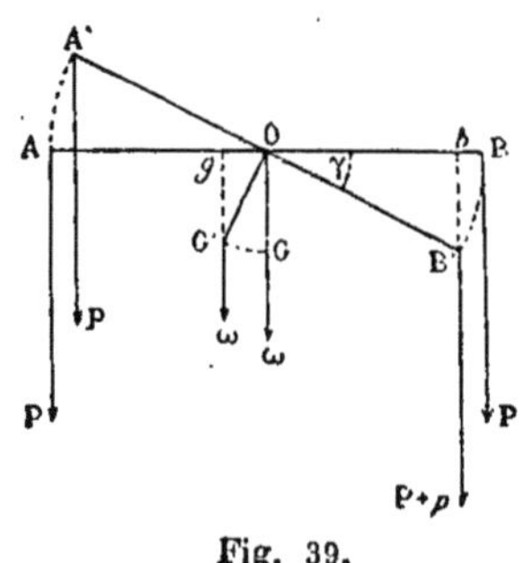

Fig. 39.

en A′B′. Le centre de gravité viendra en G′ et sous l'influence du poids ω du fléau, il tendra à reprendre sa position primitive en G et à ramener ainsi à sa première position le fléau, qui la reprendra en effet, après quelques oscillations. Dans le cas actuel, la balance est à l'état d'*équilibre stable*. On nomme ainsi l'état d'un corps qui, dérangé de sa position d'équilibre, tend à la reprendre.

Supposons maintenant que, le fléau étant horizontal, on ajoute au poids P appliqué en B un poids p; le bras OB va s'abaisser et le fléau tendra à prendre une nouvelle position d'équilibre A′B′ à laquelle il arrivera lorsque les moments des forces p et ω par rapport au point O seront égaux, car il n'y a pas lieu de tenir compte ici des poids égaux P dont la résultante passant par le point O est constamment détruite par la résistance de ce point. D'ailleurs, les moments $p \times Ob$ et ω $\times Og$ ne sauraient manquer de devenir égaux, car à mesure que le fléau s'incline, le facteur Og augmente tandis que le facteur Ob peut s'approcher indéfiniment de zéro.

On a donc, l'équilibre étant établi dans la position A′B′ du fléau :

$$p \times Ob = \omega \times Og.$$

Or on a dans les triangles rectangles OB′b, OG′g :

$$Ob = l \cos \gamma, \qquad Og = \delta \sin \gamma.$$

l désignant la longueur de chacun des bras du fléau, δ la distance du centre de gravité G au point O et γ l'angle BOB′ dont s'est incliné le fléau. Donc :

$$pl \cos \gamma = \omega\delta \sin \gamma,$$

d'où

$$\mathrm{tg}\,\gamma = \frac{pl}{\omega\delta}.$$

Comme un angle aigu augmente lorsque sa tangente augmente, on déduit de cette formule que pour une même différence de poids p, le fléau s'inclinera d'autant plus que δ et ω seront moindres et que l sera plus grand.

En résumé donc, une balance sera d'autant plus sensible que le centre de gravité sera plus rapproché du point d'appui tout en restant au-dessous de lui, et que le fléau sera plus long et plus léger.

Remarque. — Il résulte de ce qui précède que la sensibilité de la balance est indépendante de la charge des plateaux. Or nous avons établi nos raisonnements en supposant (50) en ligne droite le point d'appui du fléau et les points de suspension des plateaux. Nous allons faire voir actuellement que si cette condition n'est pas remplie, la sensibilité de la balance dépend de la charge des plateaux et diminue lorsque cette charge augmente.

Soit donc (fig. 40) AOB un fléau coudé à bras égaux faisant

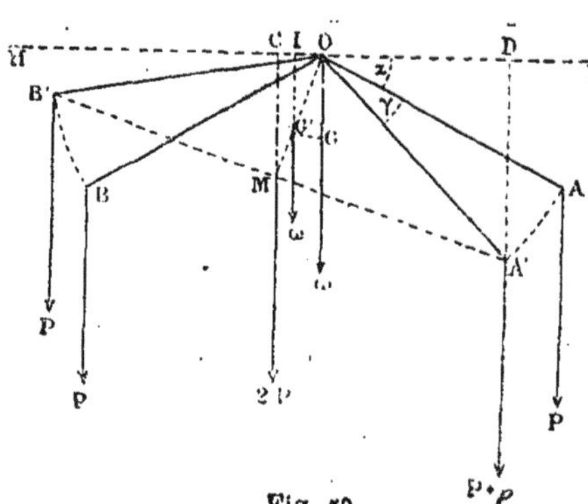

Fig. 40.

chacun un angle α avec l'horizontale HH′ menée dans le plan AOB par le point d'appui O. Soient P les poids égaux appliqués en A et B, ω le poids du fléau appliqué au centre de gravité G, δ la distance OG du centre de gravité au point d'appui, l la longueur de chacun des bras OA, OB et γ l'angle dont tourne le fléau lorsque l'on ajoute en A un poids p.

Les deux poids égaux P appliqués en A′ et B′ peuvent être composés en un seul 2P appliqué au point M milieu de la droite qui joint les points A′, B′. Les forces qui agissent sur la machine sont donc ici: le poids 2P appliqué en M, le poids p appliqué en A′ et le poids ω appliqué en G′, position que vient occuper le centre de gravité lorsque le fléau s'est incliné de l'angle γ. Si l'on prend les moments de ces forces par rapport au point d'appui O, l'équation d'équilibre sera :

$$2P \times OC + \omega \times OI = p \times OD. \qquad (1)$$

Or on a dans les triangles rectangles OMC, OMB′ :

$$OC = OM \sin \gamma,$$
$$OM = l \sin \alpha,$$

d'où

$$OC = l \sin \alpha \sin \gamma.$$

D'autre part les triangles rectangles OG′I, ODA′ donnent :

$$OI = \delta \sin \gamma,$$
$$OD = l \cos (\alpha + \gamma).$$

Substituant dans la relation (1) il vient successivement :

$$2P\ l \sin \alpha \sin \gamma + \omega\delta \sin \gamma = pl \cos (\alpha + \gamma)$$

$$2P\ l \sin \alpha \sin \gamma + \omega\delta \sin \gamma = pl \cos \alpha \cos \gamma - pl \sin \alpha \sin \gamma,$$

$$\left[l(2P + p) \sin \alpha + \omega\delta \right] \sin \gamma = pl \cos \alpha \cos \gamma,$$

d'où l'on tire après avoir divisé les deux membres par $\cos \gamma$,

$$\operatorname{tg} \gamma = \frac{pl \cos \alpha}{l(2P + p) \sin \alpha + \omega\delta} \cdot$$

La charge des plateaux entre donc ici en dénominateur dans la valeur de tg γ. Par suite la sensibilité de la balance diminue lorsque la charge augmente.

Si dans la formule qui précède, on fait $\alpha = 0$, on retrouve

$$\operatorname{tg} \gamma = \frac{pl}{\omega\delta} \cdot$$

53. Balance romaine. — La balance romaine est un levier du premier genre à bras inégaux qui permet d'obtenir le poids d'un corps au moyen d'un poids qui ne lui est pas égal. Cette balance se compose d'un fléau AOB à l'extrémité A

Fig. 41.

duquel (fig. 41) est suspendu un plateau destiné à recevoir les corps que l'on veut peser. Un poids mobile p est suspendu au fléau à l'aide d'un anneau qui lui permet de glisser à volonté le long de OB. Enfin la machine est suspendue par un crochet en un point O qui est ainsi le point d'appui du levier AOB.

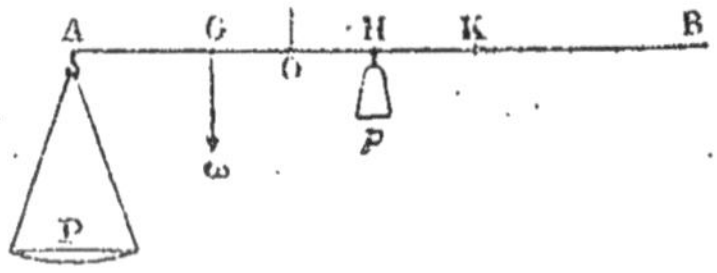

La balance romaine se gradue comme nous allons l'indiquer.

Soit G la position du centre de gravité de l'appareil avant qu'on lui ait adapté le poids mobile p et supposons que le plateau étant vide, on doive placer le poids p en un certain point H pour que le fléau se trouve horizontal. Il y aura alors équilibre entre le poids ω de la machine appliqué en G et le poids p. On aura donc en prenant les moments par rapport au point O :

$$\omega \times OG = p \times OH.$$

Plaçons maintenant dans le plateau un corps de poids P, l'équilibre sera détruit, et pour le rétablir, il faudra faire glisser le poids p en un point K tel que l'on ait :

$$P \times AO + \omega \times OG = p \,(OH + HK),$$

mais on vient de trouver que $\omega \times OG = p \times OH$, donc il viendra après avoir supprimé dans les deux membres ces quantités égales :

$$P \times AO = p \times HK,$$

d'où l'on tire :

$$HK = P \times \frac{AO}{p},$$

AO et p sont des constantes, la longueur HK varie donc proportionnellement au poids P.

D'après cela, pour graduer la romaine, on marquera zéro au point H où il faut placer le poids p pour que le fléau reste horizontal lorsque le plateau ne supporte aucun corps ; puis on placera dans le plateau le poids que l'on veut prendre pour unité, le kilogramme par exemple, et l'on fera glisser le poids p jusqu'en un point K tel qu'il y ait équilibre. On marquera 1 en ce point et l'on portera à la suite sur le fléau des longueurs successives égales chacune à HK aux extrémités desquelles on inscrira les nombres 2, 3, 4..... On voit ainsi que le poids p étant placé à la division 8 par exemple, ce poids fera équilibre à un corps mis sur le plateau et pesant 8 kilogrammes.

54. Bascule du commerce. — Cette balance inventée par Quintenz se compose essentiellement (fig. 42) d'un levier du premier genre AIB ayant I pour point d'appui et à l'une des extrémités A duquel est suspendu un plateau destiné à recevoir des poids marqués. L'autre extrémité B est reliée au moyen d'une tige verticale BH à un second levier HN dont le point d'appui est en N. Sur ce second levier s'appuie en M un tablier T sur lequel on place les corps à peser et qui est relié

au moyen d'un arc-boutant à une tringle verticale OC : cette
tringle se rattache elle-même en C au levier AIB. L'appareil
est construit dans des conditions telles que lorsque le plateau

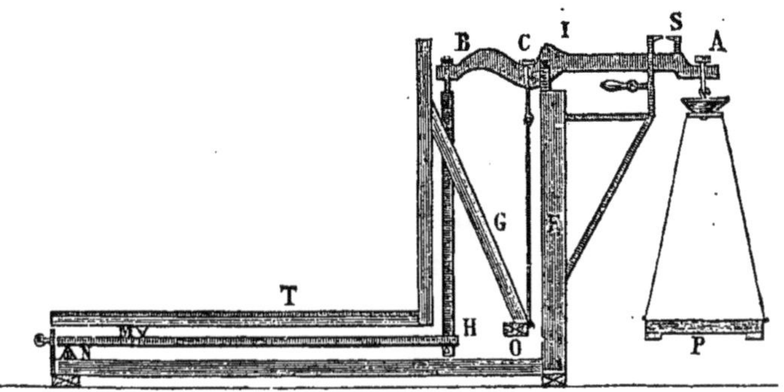

Fig. 42.

et le tablier sont vides, le levier AIB est horizontal. Enfin les
dimensions des leviers AB, NH offrent la proportion :

$$\frac{NM}{NH} = \frac{IC}{IB}.$$

Ceci posé, imaginons un corps de poids Q placé sur le tablier.
Ce poids peut être décomposé en deux poids ou forces verticales
p, p' appliquées l'une en M, l'autre en O et ayant pour somme Q.
La force p' appliquée en O peut être transportée en C puisque
ce dernier point est lié invariablement au point O. Quant à la
force p appliquée en M, on peut la décomposer en deux autres
forces verticales, l'une appliquée en N, qui sera détruite par
la résistance de ce point, l'autre f appliquée en H. Cette dernière vaut $p \times \dfrac{MN}{NH}$, car on a (20. Remarque) :

$$\frac{f}{p} = \frac{MN}{NH}.$$

La force f peut être transportée de H en B et là, être décomposée en deux autres, l'une appliquée en I, qui sera détruite
par la résistance de ce point et l'autre f' en C. Cette dernière
vaut $f \times \dfrac{IB}{IC}$, car on a (21) :

$$\frac{f'}{f} = \frac{IB}{IC}.$$

Donc comme on a déjà $f = p \times \dfrac{\text{MN}}{\text{NH}}$, il en résulte :

$$f' = p \times \frac{\text{MN}}{\text{NH}} \times \frac{\text{IB}}{\text{IC}}.$$

Mais la machine a été établie dans des conditions telles que

$$\frac{\text{MN}}{\text{NH}} = \frac{\text{IC}}{\text{IB}},$$

donc :

$$\frac{\text{MN}}{\text{NH}} \times \frac{\text{IB}}{\text{IC}} = 1.$$

Et l'on a :

$$f' = p.$$

En résumé donc la force Q, c'est-à-dire le poids du corps qui repose sur le tablier, est remplacée par les deux forces p' et p appliquées en C, mais ces deux forces sont précisément celles en lesquelles on a décomposé le poids Q : la charge du tablier est ainsi tout entière transportée en C.

Soit maintenant P le poids qui, placé dans le plateau, maintient l'appareil en équilibre, on aura :

$$\frac{\text{Q}}{\text{P}} = \frac{\text{AI}}{\text{IC}},$$

d'où

$$Q = P \times \frac{\text{AI}}{\text{IC}}.$$

Si donc on prend $AI = 10\ IC$ par exemple, le poids Q à déterminer sera égal à 10 fois celui placé dans le plateau. On dit dans ce cas que la balance est au dixième.

DES POULIES.

55. Poulie fixe. — Une poulie se compose d'un disque circulaire sur la circonférence duquel est creusée une gorge destinée à recevoir une corde. Le disque est traversé en son centre par un axe perpendiculaire à son plan et dont les extrémités reposent sur deux coussinets, ou bien s'engagent dans les deux branches parallèles d'une monture ou *chape*, de telle sorte que la poulie peut tourner librement autour de cet axe qui d'ailleurs peut faire corps avec le disque ou bien en être indépendant.

Dans la poulie fixe (fig. 43) la chape OM est fixée par un crochet à un point fixe M. Aux extrémités de la corde qui s'enroule sur la gorge de l'appareil sont appliquées deux forces : l'une Q est le poids à soulever ou la résistance, l'autre P est la puissance qui doit lui faire équilibre. En supposant la corde tangente en A et en B, on peut regarder la machine comme un levier coudé AOB à bras égaux. *Il faut donc pour l'équilibre que la puissance soit égale à la résistance.*

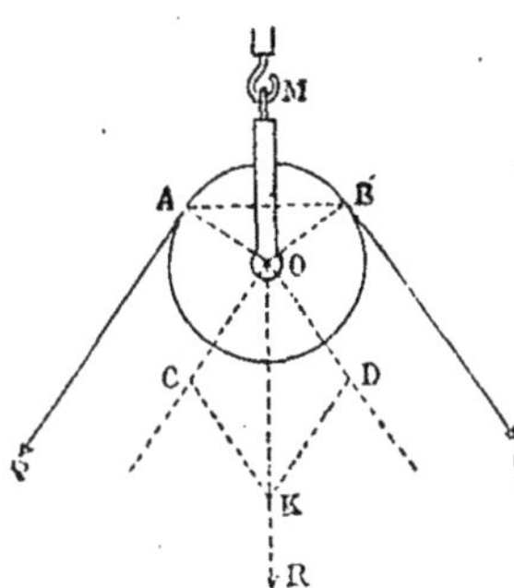

Fig. 43.

Pour évaluer la pression supportée par l'axe, comme les forces P et Q ont une résultante unique passant par le point O. nous pourrons supposer ces forces transportées parallèlement à elles-mêmes en ce point. Elles s'y composeront en une seule R représentée par la diagonale OK du losange OCKD dont les côtés sont proportionnels aux forces P et Q. On aura donc :

$$\frac{R}{P} = \frac{OK}{OC},$$

mais les triangles semblables OCK, OAB donnent :

$$\frac{OK}{OC} = \frac{AB}{AO},$$

donc :

$$\frac{R}{P} = \frac{AB}{AO}.$$

On voit ainsi que la pression sur l'axe est à l'une des forces qui sollicitent la poulie comme la sous-tendante de l'arc embrassé par la corde est au rayon de la poulie.

Cette pression atteint son maximum lorsque les cordons sont parallèles : elle vaut alors le double de la puissance.

56. Poulie mobile. — Dans cette poulie (fig. 44) le poids Q à soulever est suspendu à la chape ; la corde qui s'enroule sur la gorge de la machine est attachée d'une part à un point fixe

A et sollicitée de l'autre par une force P destinée à faire équilibre au poids Q.

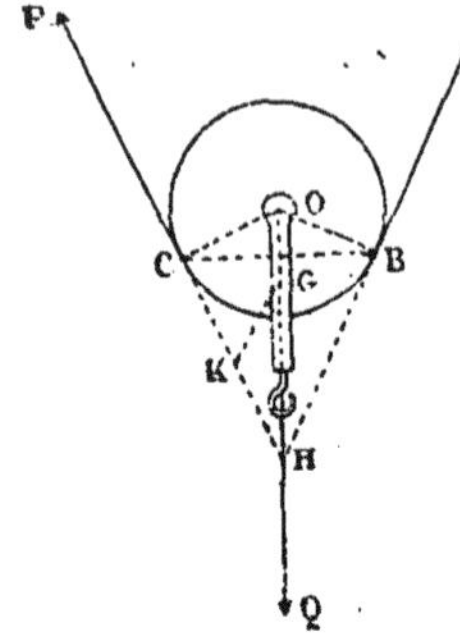
Fig. 44.

Si l'on suppose la poulie en équilibre, le point fixe A tient lieu d'une force F égale et contraire à la tension du cordon AB. On peut donc considérer le système comme libre et sollicité par trois forces P, Q, F dirigées suivant les droites CP, OQ, AB. Ces forces se faisant équilibre, l'une quelconque Q est égale et directement opposée à la résultante des deux autres (8). Les directions CP, BA étant prolongées, iront donc se rencontrer en un certain point H de la verticale OQ, et la résultante des forces P et F sera dirigée suivant cette droite, ce qui fait voir que les forces P et F sont égales, car la ligne OQ est la bissectrice de l'angle qu'elles font entr'elles. La corde CB qui soustend l'arc embrassé par la corde est donc horizontale dans le cas de l'équilibre. — De plus, si l'on prend sur HC la distance HK égale à la force P et que l'on mène KG parallèle à BH, la longueur HG représentera la force Q et comme les triangles semblables KGH, COB donnent

$$\frac{HK}{HG} = \frac{CO}{CB},$$

on aura :

$$\frac{P}{Q} = \frac{CO}{CB}.$$

Les conditions d'équilibre de la poulie mobile sont donc les suivantes : *La sous-tendante de l'arc embrassé par la corde doit être horizontale ; de plus la puissance doit être à la résistance comme le rayon de la poulie est à la sous-tendante de l'arc embrassé par la corde.*

Lorsque les deux cordons sont parallèles, la puissance est égale à la moitié de la résistance.

57. Moufles. — On nomme ainsi des machines formées de plusieurs poulies, les unes réunies dans une même chape fixe, les autres dans une même chape mobile qui supporte le poids à soulever. Ces poulies peuvent avoir des axes différents (fig. 45) ou le même axe (fig. 46). Une seule corde s'enroule sur elles ; elle est fixée par une de ses extrémités à l'une des chapes ; c'est à l'autre extrémité que s'applique la puissance F. La tension de la corde est partout égale à cette puissance, et comme on peut regarder les cordons comme sensiblement parallèles, le poids P se trouve soutenu par un système de forces parallèles égales chacune à la force F et en même nombre que les poulies employées. On a donc, en appelant n ce nombre :

$$P = nF$$

d'où

$$F = \frac{P}{n}.$$

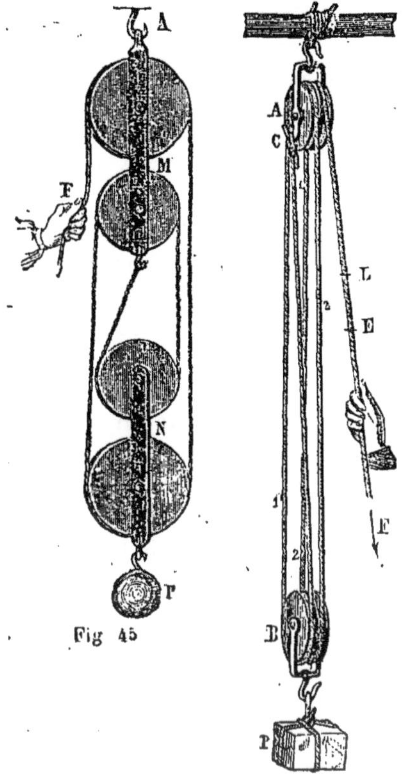

Fig. 45.

Fig. 46.

La puissance est donc égale à la résistance divisée par le nombre des poulies ou encore des cordons qui vont d'une poulie à l'autre.

Dans les figures 45 et 46, on a

$$F = \frac{P}{4}.$$

DU TREUIL.

58. Définition. — On nomme *tour* ou *treuil* un corps solide assujetti à tourner autour d'un axe fixe. — Ce corps présente ordinairement la forme d'un cylindre terminé à ses deux extrémilés par deux autres cylindres de même axe que lui et d'un rayon moindre nommés *tourillons*. Les tourillons reposent sur deux supports ou coussinets. Une corde destinée à supporter le poids à soulever est attachée à l'un des points de la surface du cylindre sur laquelle elle peut s'enrouler. La puissance est appliquée à la machine dans un plan perpendiculaire à l'axe, soit au moyen d'une ou plusieurs barres fixées au cylindre, soit à l'aide d'une roue d'un rayon plus grand que celui du cylindre, soit encore à l'aide d'une manivelle fixée à l'une des extrémités de l'axe.

On fait en sorte que le centre de gravité de l'appareil soit situé sur l'axe fixe : de cette façon il n'y a pas à faire intervenir le poids du treuil dans la condition d'équilibre.

59. Condition générale d'équilibre du treuil. — On peut supposer toutes les forces appliquées au treuil réduites à deux dont l'une est appliquée à l'un des points de l'axe fixe. Cette force est détruite par la résistance de l'axe ; il faut donc, pour que l'équilibre existe, que la seconde force soit également détruite. Cette condition sera remplie si cette seconde force est dans le même plan avec l'axe, car alors elle le rencontrera ou elle lui sera parallèle. En effet dans la première hypothèse, elle sera évidemment détruite ; dans la seconde, elle ne pourra que tendre à faire mouvoir le treuil dans le sens de son axe, et il est impossible que la machine prenne ce mouvement. L'équilibre aura donc lieu dans l'un et l'autre cas. D'ailleurs, si la seconde force n'était pas dans le même plan avec l'axe, il est clair qu'elle ferait tourner le treuil dans un certain sens. La condition générale de l'équilibre peut donc se formuler ainsi :

Il faut et il suffit qu'ayant réduit toutes les forces qui sollicitent le treuil à deux dont l'une est appliquée en un point de l'axe fixe, l'autre force se trouve dans le même plan avec cet axe.

60. Cas où le treuil n'est sollicité que par deux forces. — Supposons un treuil en équilibre sollicité seulement par deux forces, la puissance P agissant dans un plan perpendiculaire à l'axe DC (fig. 47) à une distance OE de celui-ci, distance que nous représenterons par R, et la résistance Q appliquée en T et dirigée tangentiellement à une section perpendiculaire à l'axe du cylindre et ayant pour rayon IT $= r$. — Menons le rayon horizontal OS et appliquons en

S deux forces verticales P′ égales chacune à P et de sens contraires : l'état du système ne sera pas changé. Or les deux

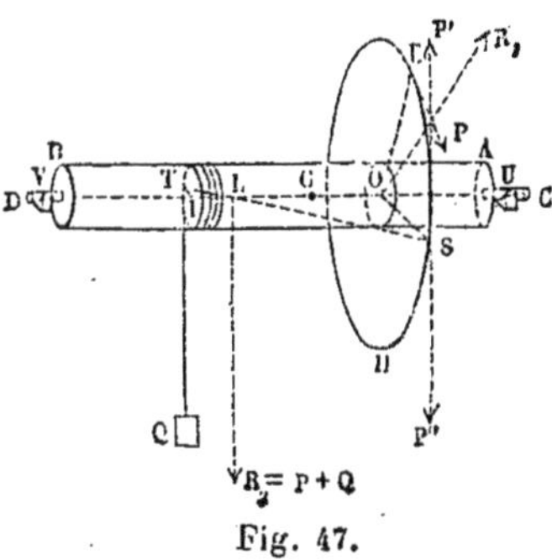

Fig. 47.

forces égales P, P′ se composent en une seule R$_1$ dirigée suivant la bissectrice de
leur angle EOS et qui se
trouve détruite par la résistance de l'axe. Il reste donc à
considérer la force P′ appliquée verticalement de haut en
bas en S et qui n'est en définitive que la force P dont le
point d'application aurait été
transporté en S.

Ceci posé, puisque la machine est en équilibre, les deux
forces parallèles P′ et Q se composent en une seule appliquée
au point L sur l'axe du treuil. On a donc :

$$\frac{P'}{Q} = \frac{TL}{LS}.$$

Or les triangles TIL, LOS étant semblables, on a

$$\frac{TL}{LS} = \frac{TI}{OS} = \frac{r}{R}$$

donc enfin, comme P = P′ :

$$\frac{P}{Q} = \frac{r}{R}.$$

On voit ainsi que, dans un treuil en équilibre, *la puissance
est à la résistance comme le rayon du cylindre est au rayon
de la circonférence que tend à décrire le point d'application
de la puissance.*

Si l'on veut obtenir les pressions sur les points d'appui,
il faut décomposer la force R$_2$ = P + Q appliquée en L en
deux autres appliquées en ces points, et aussi de même la
force R$_1$. En outre, le poids de l'appareil appliqué en son
centre de gravité G devra être semblablement décomposé.
On obtiendra ainsi aux points d'appui deux groupes de forces
dont les résultantes donneront les pressions demandées.

Comme cas particuliers du treuil, on peut citer le treuil des
carriers et le cabestan.

Dans le treuil des carriers (fig. 48), la machine est mise en mouvement par le poids du corps des ouvriers qui montent

Fig. 48.

sur des chevilles implantées perpendiculairement sur une grande roue de 5 à 6 mètres de diamètre ayant même axe que le treuil et dont le plan est perpendiculaire à cet axe.

Le cabestan (fig. 49) est un treuil dont l'axe est vertical et

Fig. 49.

qui sert à déplacer des fardeaux dans le sens horizontal

DU PLAN INCLINÉ.

61. Définition. — On nomme *plan incliné* une surface plane inclinée à l'horizon.

Si l'on imagine un plan vertical mené perpendiculairement à la trace horizontale AB d'un plan incliné (fig. 50), il coupe

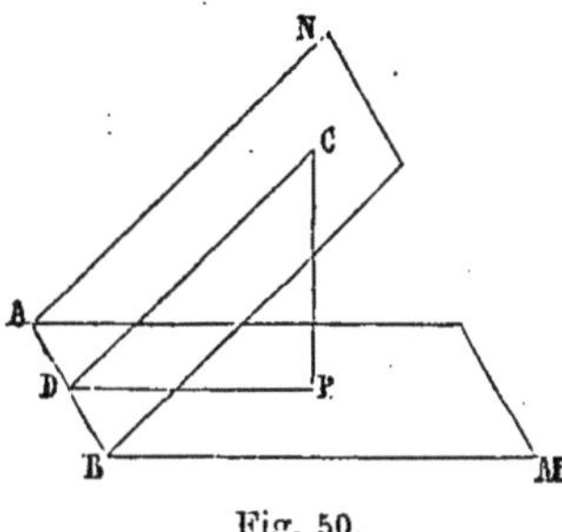

Fig. 50.

ce plan suivant une droite DC et l'horizon suivant une droite DP formant avec la première un angle CDP qui mesure l'inclinaison du plan. En menant la verticale CP, on obtient un triangle rectangle dont l'hypoténuse CD, la base DP et la hauteur CP s'appellent respectivement *la longueur, la base* et *la hauteur* du plan incliné.

62. Equilibre d'un corps placé sur un plan incliné. — Supposons un corps solide placé sur un plan incliné (fig. 51).

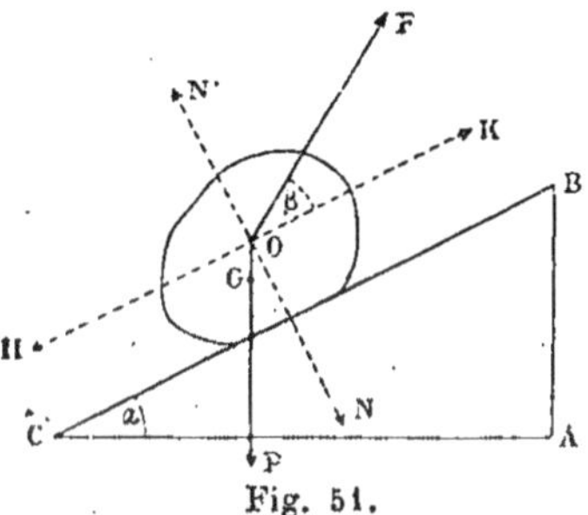

Fig. 51.

Soit P son poids appliqué en son centre de gravité G, et soit F une force appliquée au corps afin de le maintenir en équilibre sur le plan.

Pour qu'il y ait équilibre, il faut que les deux forces P et F aient une résultante unique normale au plan et passant dans l'intérieur du polygone convexe formé en joignant les points de contact du corps avec le plan (43, 3°). — La force F doit donc être dans le même plan avec la verticale GP ; par suite sa direction rencontrera celle de GP en un certain point O. De plus le plan des deux forces F et P doit contenir la normale ON menée au plan incliné par le point O ; il sera donc en même temps perpendiculaire au plan horizontal et au plan incliné et il coupera ce dernier suivant le triangle rectangle ABC. Dans ce triangle, l'angle aigu en C est l'inclinaison du plan incliné : nommons α cette inclinaison et soit β l'angle que fait la direction de la force F avec la longueur BC du plan incliné.

Transportons les points d'application des forces F et P au point O où se rencontrent leurs directions, puis décomposons la force F en deux autres forces, l'une dirigée suivant une droite OK parallèle à BC, l'autre suivant le prolongement ON' de la normale ON. Décomposons de même la force P en deux autres forces, l'une dirigée suivant la droite OH, prolongement de OK, l'autre suivant la normale ON. Le système des deux forces se trouve remplacé ainsi par quatre forces appliquées en O. Celles dirigées suivant NN' s'ajoutent algébriquement et leur résultante, égale à leur différence, est détruite par la résistance du plan incliné. Cette résultante est la pression exercée normalement par le corps sur le plan incliné. Il reste à considérer les composantes dirigées suivant les droites OK, OH. Il faut et il suffit pour l'équilibre que ces composantes soient égales. Or la composante suivant OK vaut $F \cos \beta$ et celle suivant OH vaut $P \sin \alpha$: la condition d'équilibre est donc :

$$F \cos \beta = P \sin \alpha. \qquad (1)$$

La pression normale est, avons-nous dit, la résultante des forces dirigées suivant ON et ON' ; or la première de ces forces vaut $P \cos \alpha$ et la seconde, $F \sin \beta$. On a donc pour valeur de la pression :

$$P \cos \alpha - F \sin \beta.$$

Il est clair que cette pression doit être positive, car le corps doit rester appuyé sur le plan incliné. Il faut donc que l'on ait :

$$P \cos \alpha > F \sin \beta.$$

Multipliant membre à membre cette relation et l'équation (1) il vient simplifications faites :

$$\cos \alpha \cos \beta > \sin \alpha \sin \beta,$$

d'où successivement :

$$\cos \alpha \cos \beta - \sin \alpha \sin \beta > 0,$$
$$\cos (\alpha + \beta) > 0,$$
$$\alpha + \beta < 90^{\circ},$$
$$\beta < 90^{\circ} - \alpha.$$

Ainsi lorsque la force F agit au-dessus de la direction HK comme l'indique la figure 51, l'angle β ne peut dépasser $90^{\circ} - \alpha$. Pour la valeur $90^{\circ} - \alpha$, $\cos \beta$ devient égal à $\sin \alpha$, l'équation (1) se réduit à

$$F = P$$

et la pression à $\cos \alpha (P - F)$, c'est-à-dire à zéro. Dans ce cas, le corps touche le plan incliné sans le presser et il est maintenu en équilibre par une force égale à son propre poids.

Lorsque la force F agit au-dessous de la droite HK, l'équation d'équilibre est encore

$$F \cos \beta = P \sin \alpha. \qquad (1)$$

Quant à la pression normale elle vaut alors

$$P \cos \alpha + F \sin \beta$$

Et elle est positive pour toute valeur de l'angle β comprise entre 0 et 90°. — Pour la valeur 90°, on a $\cos \beta = 0$ et la valeur de F déduite de l'équation (1) devient infinie. Ce résultat est facile à concevoir si l'on fait complète abstraction du frottement, c'est-à-dire de la résistance que l'on éprouve lorsque l'on veut faire glisser ou rouler un corps sur une surface quelconque. C'est du reste dans l'hypothèse de surfaces parfaitement polies et par suite d'absence de frottement que nous établissons ici les relations qui se rattachent au plan incliné.

Lorsque la force F agit dans la direction HK (fig. 51), l'angle β devient nul et $\cos \beta = 1$, l'équation d'équilibre donne donc :

$$F = P \sin \alpha.$$

C'est la moindre valeur que puisse prendre la force F pour un même poids P à soutenir sur un plan ayant α pour inclinaison.

Le triangle rectangle ABC donne $\sin \alpha = \dfrac{AB}{BC}$, donc

$$\frac{F}{P} = \frac{AB}{BC},$$

c'est-à-dire que, *dans le cas d'une force agissant parallèlement à la longueur d'un plan incliné, la puissance est à la résistance comme la hauteur du plan est à sa longueur.*

Lorsque la force F est horizontale, l'angle β devient égal à α et l'équation d'équilibre donne

$$F = P \operatorname{tg} \alpha.$$

Or dans le triangle rectangle ABC, on a $\operatorname{tg} \alpha = \dfrac{AB}{AC}$, donc

$$\frac{F}{P} = \frac{AB}{AC},$$

c'est-à-dire que, *dans le cas d'une force agissant horizontalement, la puissance est à la résistance comme la hauteur du plan incliné est à sa base.*

DEUXIÈME PARTIE

Éléments de cinématique

CHAPITRE UNIQUE

§ I

DES MOUVEMENTS.

63. Définitions. — La Cinématique a pour objet l'étude des mouvements.

On nomme *trajectoire* la ligne droite ou courbe que suit un corps en mouvement. Lorsque la trajectoire est une ligne droite, le mouvement est dit *rectiligne ;* il est *curviligne* lorsque la trajectoire est une ligne courbe.

Un mouvement est défini lorsque l'on connaît la trajectoire du mobile et la position que ce mobile occupe à un instant quelconque sur sa trajectoire. Cette position est déterminée par la loi du mouvement, c'est-à-dire par la relation qui lie les espaces parcourus aux temps employés à les parcourir.

64. Mouvement rectiligne uniforme. — Le plus simple des mouvements est *le mouvement rectiligne et uniforme.* On appelle ainsi celui dans lequel le mobile se meut en ligne droite en parcourant des espaces égaux dans des temps égaux, quelque petits que soient les temps considérés. On nomme *vitesse* l'espace constant parcouru par le mobile pendant l'unité de temps. On prend habituellement la seconde pour unité de temps et le mètre pour unité de longueur.

Si l'on désigne par *v* la vitesse d'un mobile en mouvement

rectiligne uniforme et par e l'espace parcouru par ce mobile pendant un temps t, on a la relation

$$e = vt$$

qui est la formule du mouvement uniforme.

Cette formule montre que, dans le mouvement uniforme, les espaces parcourus sont proportionnels aux temps employés à les parcourir. On peut d'ailleurs définir le mouvement uniforme par cette propriété.

65. Mouvement rectiligne varié. — Vitesse moyenne. — Vitesse à un instant quelconque. — On nomme *mouvement rectiligne varié* celui dans lequel le mobile se meut en ligne droite en parcourant en des temps égaux des espaces inégaux.

Supposons qu'un mobile se meuve sur une droite AB (fig. 52) d'un mouvement varié en marchant de A vers B. Soit M la position qu'il occupe sur AB au bout d'un certain temps t, soit M′ celle qu'il occupe au bout d'un temps t' plus grand que t, et supposons $t' - t = \theta$. Pendant le temps θ, le mobile a parcouru l'espace MM′; le rapport $\dfrac{MM'}{\theta}$ se nomme sa *vitesse moyenne*. C'est la vitesse d'un mobile qui parcourrait la distance MM′ d'un mouvement uniforme pendant le temps θ.

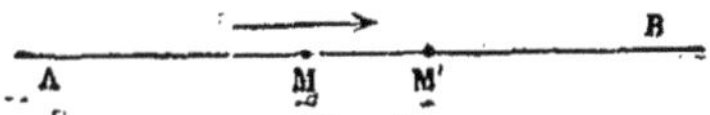

Lorsque le temps $t' - t$ ou θ tend vers zéro, la distance MM′ devient de plus en plus petite et tend elle-même vers zéro : le rapport $\dfrac{MM'}{\theta}$ tend alors vers une certaine limite, et cette limite est ce que l'on nomme *la vitesse du mobile au bout du temps t*. Si donc on appelle v cette vitesse, on a :

$$v = \lim \frac{MM'}{\theta} \text{ pour } \theta = 0.$$

Application. — Supposons que la loi d'un mouvement varié soit donnée par la relation

$$e = \gamma t^2$$

dans laquelle γ représente une constante, e l'espace parcouru et t le temps employé à le parcourir. Proposons-nous d'évaluer la vitesse au bout du temps t.

Soit $e + \varepsilon$ l'espace parcouru par le mobile pendant le **temps** $t + \theta$, on a :

ou

$$e + \varepsilon = \gamma (t + \theta)^2,$$

$$e + \varepsilon = \gamma t^2 + 2\gamma t\theta + \gamma \theta^2.$$

Or $e = \gamma t^2$, donc :

$$\varepsilon = 2\gamma t\theta + \gamma \theta^2,$$

d'où

$$\frac{\varepsilon}{\theta} = 2\gamma t + \gamma \theta.$$

Prenant la limite du rapport $\dfrac{\varepsilon}{\theta}$ pour $\theta = 0$, il vient

$$\lim \frac{\varepsilon}{\theta} = 2\gamma t$$

$2\gamma t$ est donc la vitesse demandée.

On peut encore obtenir ce résultat en procédant comme il suit :

Soient e, e' les espaces parcourus par le mobile pendant les temps t et t' $(t' > t)$, on a :

$$e = \gamma t^2 \qquad e' = \gamma t'^2,$$

d'où retranchant membre à membre :

$$e' - e = \gamma (t'^2 - t^2) = \gamma (t' - t) (t' + t).$$

On a donc pour la vitesse moyenne

$$\frac{e' - e}{t' - t} = \gamma (t' + t).$$

Lorsque $t' - t$ tend vers zéro, c'est-à-dire lorsque t' s'approche indéfiniment d'être égal à t, le second membre de l'égalité tend vers la valeur $2\gamma t$. Cette valeur représente donc la vitesse au bout du temps t.

66. Mouvement rectiligne uniformément varié. — Accélération. — On nomme *mouvement rectiligne uniformément varié*, celui dans lequel la vitesse augmente ou diminue de quantités égales dans des temps égaux. Si la vitesse augmente, le mouvement est dit *accéléré ;* si elle diminue, il est dit *retardé.*

La quantité constante dont varie la vitesse dans l'unité de temps se nomme *accélération*. On considère l'accélération comme positive ou négative, suivant que la vitesse va en augmentant ou en diminuant.

Nous nous proposerons d'établir les formules qui donnent la vitesse au bout du temps t d'un mobile en mouvement uniformément varié, ainsi que l'espace parcouru par le mobile pendant ce temps t.

Vitesse. — Soient v_0 la vitesse initiale d'un mobile en mouvement rectiligne uniformément varié et γ l'accélération du mouvement : il est clair qu'au bout d'un temps t, la vitesse se sera accrue de la quantité γt ; elle sera donc devenue $v_0 + \gamma t$ et l'on aura en nommant v_t cette valeur :

$$v_t = v_0 + \gamma t. \tag{1}$$

Cette formule convient à tous les cas, γ représentant un nombre positif si le mouvement est accéléré et un nombre négatif si le mouvement est retardé.

Espace. — Pour évaluer l'espace parcouru par le mobile pendant le temps t, nous supposerons ce temps partagé en n intervalles égaux chacun à θ, pendant chacun desquels nous regarderons le mobile comme se mouvant uniformément avec la vitesse qu'il possède en réalité à l'origine de chacun d'eux. Nous ferons ensuite la somme des espaces parcourus dans ces conditions ; le résultat sera une quantité différente de l'espace cherché, mais qui ira en s'en approchant indéfiniment au fur et à mesure que θ deviendra de plus en plus petit. Nous aurons donc l'espace cherché en prenant la limite de la somme obtenue, pour $\theta = 0$ ou pour n infiniment grand.

D'après la formule (1) les vitesses successives du mobile au bout des temps $\theta, 2\theta, 3\theta \ldots (n-1)\theta$ valent :

$$v_0 + \gamma\theta$$
$$v_0 + 2\gamma\theta$$
$$v_0 + 3\gamma\theta$$
$$\cdots \cdots$$
$$v_0 + (n-1)\gamma\theta.$$

Donc si l'on nomme $e_0, e_1, e_2, e_3 \ldots e_{n-1}$ les espaces parcourus pendant chaque intervalle θ, en supposant le mouvement uniforme, on aura

$$e_0 = v_0 \theta$$
$$e_1 = v_0 \theta + \gamma \theta^2$$
$$e_2 = v_0 \theta + 2\gamma \theta^2$$

$$\cdot \cdot \cdot \cdot \cdot \cdot \cdot \cdot \cdot \cdot \cdot$$

$$e_{n-1} = v_0 \theta + (n-1)\gamma \theta^2.$$

Additionnant membre à membre toutes ces égalités, il vient en représentant par E la somme des espaces $e_0, e_1, \ldots e_{n-1}$:

$$E = v_0 n\theta + \gamma \theta^2 (1 + 2 + 3 + \ldots + n - 1).$$

Or $n\theta = t$ et la quantité entre parenthèses vaut $\dfrac{n(n-1)}{2}$, donc :

$$E = v_0 t + \frac{\gamma \theta^2 n(n-1)}{2}.$$

Ce qui peut s'écrire encore

$$E = v_0 t + \frac{1}{2} \gamma t^2 - \frac{1}{2} \gamma t \times \theta.$$

Prenons maintenant la limite de E pour $\theta = 0$; nous aurons en nommant e cette limite :

$$e = v_0 t + \frac{1}{2} \gamma t^2. \tag{2}$$

Cette formule comme la précédente (1) convient au cas du mouvement retardé en affectant alors γ du signe *moins*.

Remarque I. — On déduit des formules (1) et (2) en éliminant la quantité γ :

$$e = \left(\frac{v_1 + v_0}{2} \right) t.$$

Cette relation montre que l'espace parcouru pendant un certain temps t par un mobile en mouvement uniformément varié est égal à l'espace que parcourrait dans le même temps le mobile s'il était animé d'un mouvement uniforme ayant pour vitesse une moyenne arithmétique entre les vitesses qu'il possède à l'origine du mouvement et au bout du temps t.

Remarque II. — Il résulte de la formule (2) que dans le mouvement uniformément varié l'espace est représenté par une expression du second degré par rapport au temps. La réciproque est vraie ; soit en effet

$$e = at + bt^2$$

l'équation d'un mouvement dans laquelle a et b représentent des quantités constantes.

Supposons que le mobile marche pendant un temps $t + \theta$ et soit $e + \varepsilon$ l'espace qu'il parcourt pendant ce temps, nous aurons

$$e + \varepsilon = a(t + \theta) + b(t + \theta)^2$$

où

$$e + \varepsilon = at + a\theta + bt^2 + 2bt\theta + b\theta^2.$$

Or

$$e = at + bt^2 ;$$

donc

$$\varepsilon = a\theta + 2bt\theta + b\theta^2$$

d'où :

$$\frac{\varepsilon}{\theta} = a + 2bt + b\theta.$$

Si θ s'approche indéfiniment de zéro, on a

$$\lim \frac{\varepsilon}{\theta} = a + 2bt,$$

c'est-à-dire en nommant v la vitesse au bout du temps t,

$$v = a + 2bt.$$

La vitesse du mouvement considéré varie donc proportionnellement au temps, et par suite ce mouvement est uniformément varié.

Remarque III. — Lorsqu'un mobile en mouvement uniformément varié part du repos, v_0 devient égal à zéro et les formules (1) et (2) deviennent

$$v_t = \gamma t,$$
$$e = \frac{1}{2} \gamma t^2.$$

On en déduit :

$$v_t = \sqrt{2\gamma e}$$

et en faisant $t = 1$:

$$\gamma = 2e.$$

Donc, lorsqu'un corps en mouvement varié part du repos :

1° Les vitesses qu'il prend successivement sont proportionnelles aux temps pendant lesquels il a marché ;

2° Les espaces parcourus sont proportionnels aux carrés des temps employés à les parcourir ;

3° La vitesse au bout d'un certain temps est moyenne proportionnelle entre le double de l'accélération et l'espace parcouru pendant ce temps.

4° L'accélération du mouvement est égale au double de l'espace qu'a parcouru le mobile dans la première unité de temps.

La chute des corps dans le vide offre un exemple de mobiles partant du repos et animés d'un mouvement uniformément varié. Les remarques qui précèdent sont donc applicables aux corps soumis à l'action de la pesanteur.—L'accélération due à cette force vaut à Paris 9^m,8088 ; on la représente par la lettre g. Les formules relatives à la chute des corps sont donc

$$v_t = gt, \quad e = \frac{1}{2} gt^2.$$

Lorsqu'un corps est lancé verticalement de bas en haut avec une vitesse initiale v_0, il prend sous l'influence de la pesanteur un mouvement uniformément retardé. Les formules relatives à ce mouvement sont

$$v_t = v_0 - gt. \quad e = v_0 t - \frac{1}{2} gt^2.$$

67. De l'accélération à un moment quelconque dans le mouvement rectiligne varié. — Imaginons un mobile en mouvement varié et soit γ l'accélération de ce mouvement. Nous aurons en désignant par v_t, v_t' les vitesses du mobile au bout des temps t et t' ($t' > t$) :

$$v_t = v_0 + \gamma t,$$
$$v_t' = v_0 + \gamma t'.$$

Retranchant membre à membre et résolvant par rapport à γ, il vient :

$$\gamma = \frac{v_t' - v_t}{t' - t}.$$

L'accélération vaut donc le rapport de la différence des vitesses au bout de deux intervalles de temps différents, à la différence de ces temps.

Ceci posé, considérons un mobile animé d'un mouvement rectiligne varié quelconque, soient v_t', v_t, les vitesses qu'il possède au bout des temps t, t' et posons $t' - t = \theta$, le rapport

$$\frac{v_t' - v_t}{\theta}$$

est ce qu'on nomme l'*accélération moyenne* du mobile pendant le temps θ.

Si l'on suppose que θ s'approche de plus en plus de zéro, la différence $v_t' - v_t$ tend vers zéro et le rapport $\dfrac{v_t' - v_t}{\theta}$ tend vers une certaine limite : cette limite se nomme l'accélération du mobile au bout du temps t.

Ainsi l'accélération au bout du temps t d'un mobile en mouvement rectiligne varié est la limite vers laquelle tend le rapport de l'accroissement de la vitesse à l'accroissement du temps lorsque ces deux accroissements diminuent jusqu'à zéro.

68. Mouvement de rotation uniforme autour d'un axe fixe. – Vitesse angulaire. — On dit qu'un corps est animé d'un mouvement de rotation autour d'un axe fixe, lorsque chacun de ses points décrit autour de cet axe une circonférence ayant son centre sur l'axe et son plan perpendiculaire à la direction de l'axe.

Le mouvement de rotation, est dit uniforme lorsque les arcs décrits par un même point du corps pendant des intervalles de temps égaux, quelque petits qu'ils soient, sont égaux.

Dans le mouvement de rotation les différents points du corps décrivent dans le même temps des arcs semblables. Il y a donc proportionnalité entre les chemins parcourus pendant un certain temps t par les points du corps et leur distance à l'axe de rotation. Si l'on désigne par ω l'arc décrit pendant le temps t par un point situé à l'unité de distance de l'axe, on aura en représentant par e, e', e''... les chemins parcourus pendant le même temps par des points ayant pour distances à l'axe r, r', r''....

$$\frac{e}{r} = \frac{e'}{r'} = \frac{e''}{r''} \ldots = \omega.$$

On nomme *vitesse angulaire* l'arc décrit dans l'unité de

temps par un point dont la distance à l'axe est égale à l'unité.
Ainsi en supposant le temps t égal à l'unité, ω devient la vitesse angulaire et l'on voit que la vitesse d'un point situé à une
distance quelconque de l'axe de rotation est égale au produit
de la vitesse angulaire par la distance du point à l'axe.

§ II.

COMPOSITION DES MOUVEMENTS.

**69. Composition de deux mouvements simultanés
rectilignes et uniformes.**
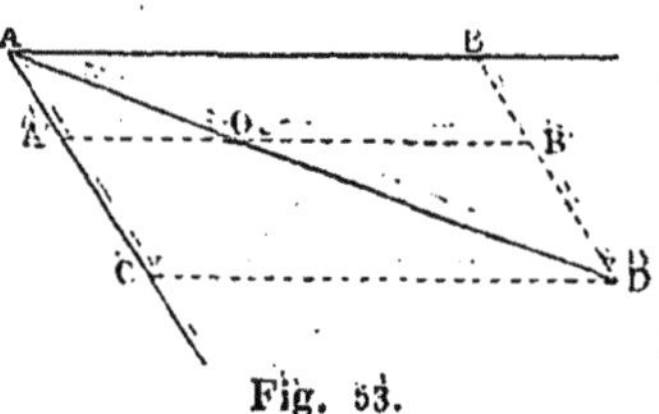
— Supposons qu'un mobile partant du point A se meuve sur
une droite AB (fig. 53) d'un
mouvement uniforme, et qu'en
même temps la droite AB se
transporte parallèlement à elle-

Fig. 53.

même également d'un mouvement uniforme de telle sorte que
son extrémité A soit toujours située sur la ligne AC. Le mobile
se trouve ainsi animé de deux mouvements uniformes : celui
qu'il possède sur la droite AB et qui est son mouvement propre
et celui qui lui est communiqué par le déplacement de la
droite AB. Sous cette double action, le mobile décrit une certaine ligne avec une vitesse déterminée et ce mouvement se
nomme le *mouvement résultant*. Nous allons déterminer sa
direction, sa nature et sa vitesse.

Supposons qu'au bout d'un temps t le mobile se trouve en
un point B de la droite AB et qu'à ce moment, la droite AB
ait pris la position CD. Le mobile est alors réellement au
point D, extrémité de la diagonale AD du parallélogramme
ABCD. On va prouver qu'au bout d'un temps quelconque
la position qu'occupe le mobile est un des points de cette
diagonale.

Soit O la position du mobile sur la droite AB lorsque cette
droite au bout d'un temps t' est venue en A'B'. Joignons AO ;
les triangles AA'O, ACD sont semblables, car l'angle A'=l'angle C
comme correspondants formés par des parallèles et de plus les

côtés qui comprennent ces angles sont proportionnels. On a en effet, puisque les mouvements du mobile sur la droite AB et de cette droite le long de AC sont uniformes :

$$\frac{A'O}{CD} = \frac{t'}{t}$$

et

$$\frac{AA'}{AC} = \frac{t'}{t} ;$$

donc :

$$\frac{A'O}{CD} = \frac{AA'}{AC}.$$

De là similitude des triangles AA'O; ACD il résulte que leurs angles en A sont égaux et que par suite la droite AO se confond en direction avec la diagonale AD. Donc déjà la direction du chemin parcouru par le mobile soumis à l'action des mouvements dirigés suivant AB et AC, est la diagonale du parallélogramme ABCD.

En second lieu, le mouvement résultant est uniforme. En effet, de la similitude des triangles AA'O; ACD on tire :

$$\frac{AO}{AD} = \frac{AA'}{AC}.$$

Or

$$\frac{AA'}{AC} = \frac{t'}{t},$$

donc :

$$\frac{AO}{AD} = \frac{t'}{t} ;$$

c'est-à-dire que les espaces parcourus par le mobile sur la droite AD sont proportionnels aux temps employés à les parcourir, ce qui est la loi du mouvement uniforme.

Enfin la vitesse du mouvement résultant est représentée par la diagonale AD, si les vitesses des mouvements composants sont représentées par les côtés AB; AC du parallélogramme.

En effet les chemins AD; AB; AC ayant été parcourus pendant le temps t; les vitesses respectives des trois mouvements sont :

$$\frac{AD}{t}, \quad \frac{AB}{t}, \quad \frac{AC}{t}.$$

Si l'on suppose $t = 1$, AB et AC deviennent les vitesses des mouvements composants et AD la vitesse du mouvement résultant, ce qu'il fallait démontrer.

En résumé, *deux mouvements simultanés, rectilignes et uniformes se composent en un seul mouvement rectiligne et uniforme dont la vitesse est représentée en direction et en grandeur par la diagonale du parallélogramme construit sur les droites qui représentent en direction et en grandeur les vitesses des mouvements composants.*

Ce théorème se nomme le *parallélogramme des vitesses* : il présente, comme on le voit, une analogie complète avec le parallélogramme des forces (13).

On peut établir entre la vitesse résultante et les vitesses composantes des relations semblables à celles qui ont été établies entre la résultante de deux forces et les composantes (14).

Ainsi, v', v'' représentant les vitesses composantes et v la vitesse résultante, on a :

$$v^2 = v'^2 + v''^2 + 2v'v'' \cos (v', v'').$$

Dans cette relation (v', v'') représente l'angle que font entre elles les directions des vitesses composantes.

Lorsque cet angle est nul, ce qui arrive dans le cas de deux mouvements simultanés s'opérant suivant la même droite et dans le même sens, on a cos $(v', v'') = 1$ et l'on en déduit :

$$v = v' + v''.$$

Ainsi la vitesse résultante est dans ce cas égale à la somme des vitesses composantes.

Lorsque l'angle $(v', v'') = 180°$, on a cos $(v', v'') = -1$ et l'on en déduit :

$$v = v' - v'',$$

donc la vitesse résultante est égale à la différence des vitesses composantes lorsque les mouvements simultanés s'opèrent suivant la même droite, mais en sens contraires.

Remarque. — Pour composer un nombre quelconque de mouvements rectilignes et uniformes, on opère comme on l'a fait pour composer plusieurs forces appliquées au même point (16). On construit un contour polygonal ayant pour côtés les vitesses des mouvements à composer : la droite qui ferme le polygone représente en direction et en grandeur la vitesse du mouvement résultant, lequel d'ailleurs est uniforme.

Dans le cas particulier de trois mouvements, la vitesse résultante est représentée par la diagonale du parallélipipède construit sur les vitesses composantes (17).

De même que l'on peut décomposer une force en d'autres forces de directions données (15) (19), on peut remplacer un mouvement rectiligne et uniforme par d'autres mouvements de même nature et décomposer la vitesse de ce mouvement en vitesses dirigées suivant des droites données.

70. Composition de deux mouvements simultanés rectilignes et uniformément variés. — Supposons maintenant qu'un mobile partant du repos se meuve sur une droite AB (fig. 54) d'un mouvement uniformément varié et qu'en même temps la droite AB'

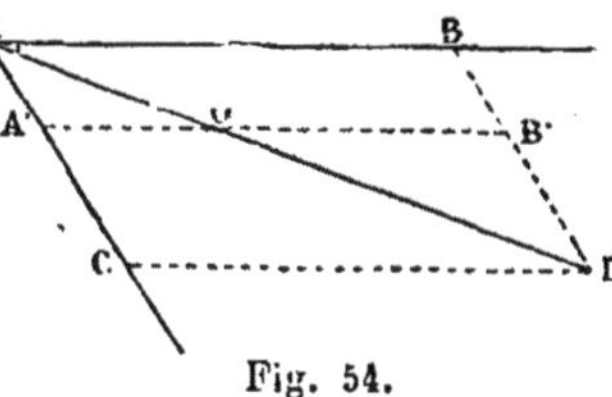

Fig. 54.

partant également du repos se transporte parallèlement à elle-même le long de la droite AC avec un mouvement uniformément varié. Au bout d'un temps t, la droite AB aura pris une position CD et le mobile une position D sur cette droite, de telle sorte qu'il occupera l'extrémité de la diagonale AD du parallélogramme ABCD. Nous allons prouver qu'à un moment quelconque le mobile est situé sur la droite AD.

Soit en effet A'B' la position prise par la droite AB au bout d'un temps t' et soit O le point de cette droite occupé alors par le mobile ; joignons AO.

Les mouvements suivant les droites AB, AC étant uniformément variés et le mobile partant du repos, on a (66. *Remarque* III)

$$\frac{A'O}{CD} = \frac{t'^2}{t^2} ,$$

et

$$\frac{AA'}{AC} = \frac{t'^2}{t^2}$$

donc :

$$\frac{A'O}{CD} = \frac{AA'}{AC} ;$$

Par suite les triangles AA'O, ACD sont semblables comme ayant les angles égaux AA'O, ACD compris entre côtés proportionnels, et la droite AO se confond en direction avec AD. Le chemin parcouru par le mobile soumis à l'action des deux mouvements est donc la diagonale AD.

Le mouvement sur AD est lui-même uniformément varié. En effet, la similitude des triangles donne :

$$\frac{AO}{AD} = \frac{AA'}{AC} = \frac{t'^2}{t^2},$$

donc les espaces parcourus sur AD sont proportionnels aux carrés des temps employés à les parcourir, ce qui est la loi du mouvement uniformément varié, le mobile partant du repos.

Enfin si l'on nomme γ l'accélération du mouvement résultant, γ' et γ'' les accélérations des mouvements composants, on a :

$$AD = \frac{1}{2} \gamma t^2,$$

$$AB = \frac{1}{2} \gamma' t^2,$$

$$AC = \frac{1}{2} \gamma'' t^2,$$

d'où l'on tire :

$$\gamma = \frac{2AD}{t^2},$$

$$\gamma' = \frac{2AB}{t^2},$$

$$\gamma'' = \frac{2AC}{t^2}.$$

Si l'on suppose $\dfrac{2}{t^2} = 1$, les accélérations γ', γ'' sont représentées par les droites AB, AC, et l'accélération γ par la diagonale AD.

Ainsi *deux mouvements simultanés rectilignes et uniformément variés, le mobile partant du repos, se composent en un seul mouvement rectiligne et uniformément varié dont l'accélération est représentée en direction et en grandeur par la diagonale du parallélogramme construit sur les droites qu*

*représentent en direction et en grandeur les accélérations com-
posantes.*

On a entre l'accélération γ et les accélérations composantes
γ', γ'' la relation

$$\gamma^2 = \gamma'^2 + \gamma''^2 + 2\gamma'\gamma'' \cos(\gamma', \gamma'').$$

On en déduit en supposant l'angle (γ', γ'') égal à zéro, puis
égal à 180°, que l'accélération du mouvement résultant de deux
mouvements uniformément variés s'effectuant suivant la même
droite est égale à la somme ou à la différence des accélérations
composantes, suivant que les mouvements s'opèrent dans le
même sens ou en sens contraires.

TROISIÈME PARTIE

Éléments de dynamique

CHAPITRE UNIQUE.

§ I

DES FORCES CONSTANTES.

71. Définition. — La dynamique s'occupe des relations qui existent entre les forces et les mouvements que ces forces impriment aux corps sur lesquels s'exerce leur action.

Cette partie de la mécanique repose sur deux lois fondamentales déduites de l'expérience : la loi de l'inertie et la loi du mouvement relatif.

72. Loi de l'inertie. — La loi de l'inertie s'énonce ainsi: *Un corps ne peut de lui-même se mettre en mouvement, et, une fois en mouvement, ne peut de lui-même modifier le mouvement qui lui a été communiqué.*

Il résulte de la seconde partie de l'énoncé précédent que si aucune cause extérieure ou force ne vient agir sur un corps en mouvement, le mouvement que possède ce corps est nécessairement rectiligne et uniforme.

73. Loi du mouvement relatif. — Cette loi s'énonce comme il suit:

Lorsqu'un système de points matériels se meut d'un mouvement commun de translation, si l'un de ces points vient à être

sollicité par une force, le mouvement que prend ce point rela-
tivement aux autres points du système est le même que si le
système était en repos.

74. Théorème. — De la loi du mouvement relatif, on
déduit le théorème suivant :

Une force constante en direction et en intensité agissant sur
un point matériel qui part du repos, ou qui est animé d'une
vitesse initiale de même direction que la force, lui imprime un
mouvement uniformément varié.

Considérons d'abord (fig. 55) un point matériel M animé
d'une certaine vitesse v_0 sui-
vant une droite xy, et supposons que ce point vienne à
être sollicité par une force F

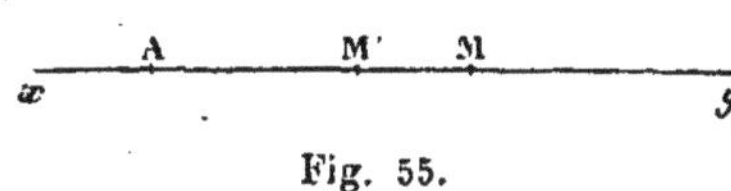

Fig. 55.

agissant dans la direction xy et dans le sens du mouvement
initial. Nommons α la vitesse que la force F imprimerait au
mobile au bout du temps t s'il partait du repos. — Ceci posé,
concevons un second point matériel M′ situé en A comme le
premier, animé de la même vitesse v_0 que lui, mais non soumis à l'action de la force F. Les deux points M, M′ pourront
être considérés comme formant un système animé d'un mouvement commun de translation ayant v_0 pour vitesse. — En
vertu de la loi du mouvement relatif, le point M obéit à l'action de la force F comme si le système était en repos ; il en
résulte qu'au bout du temps t, il sera éloigné du point M′
d'une distance MM′ égale à celle qu'il parcourrait pendant
le temps t s'il partait du repos sous l'action de la force F. Sa
vitesse relative par rapport au point M′ est donc α et sa vitesse
absolue, c'est-à-dire celle qui résulte de son mouvement propre
et du mouvement de translation auquel il participe, est égale
à $v_0 + \alpha$ (69).

Nous avons supposé que la force F agissait dans le sens du
mouvement initial du mobile ; si elle agissait en sens contraire, il est clair que sa vitesse absolue au bout du temps t
serait $v_0 - \alpha$.

Ceci posé, imaginons que le mobile animé d'une vitesse initiale v_0 suivant la droite xy soit sollicité par une force constante en grandeur et en intensité agissant elle-même dans la
direction de xy. Si l'on représente par α la vitesse que cette
force est capable de communiquer dans l'unité de temps au

6

mobile partant du repos, il résulte des considérations qui pré-cèdent qu'au bout de la première unité de temps, la vitesse absolue du mobile vaudra $v_0 + \alpha$; au bout de deux, trois.... unités de temps, elle vaudra $v_0 + 2\alpha$, $v_0 + 3\alpha$.... puisque l'action de la force reste constamment la même. On voit ainsi que la vitesse du mobile s'accroît proportionnellement au temps, et l'on conçoit sans peine qu'elle diminuerait suivant la même loi si la force constante était dirigée en sens contraire du mouvement initial. En un mot, la vitesse varie proportionnellement au temps et, par suite, le mouvement communiqué au mobile par la force constante est uniformément varié, ce qu'il fallait démontrer.

L'accélération du mouvement que possède le mobile est égale à la vitesse que la force constante est capable de lui communiquer pendant l'unité de temps en supposant qu'il parte du repos. L'accélération peut être regardée comme positive ou négative, suivant que la force constante agit dans le sens du mouvement initial ou dans le sens contraire.

Si le mobile part du repos sous l'action de la force constante F, les vitesses qu'il acquiert sont successivement α, 2α, 3α.... et le mouvement est toujours uniformément varié.

75. Réciproque. — *Lorsqu'un point matériel est animé d'un mouvement rectiligne uniformément varié, ce point est sollicité par une force constante en grandeur et en direction.*

En effet, d'abord le mobile est nécessairement soumis à l'action d'une force, puisque le mouvement qu'il possède n'est pas uniforme.

De plus cette force est constamment dirigée suivant la droite que décrit le mobile, car s'il en était autrement, celui-ci changerait de direction. Enfin, la vitesse du mouvement qu'il possède variant de quantités égales en des temps égaux, quelque petits qu'on les considère, l'action de la force reste la même pendant chacun de ces temps, donc cette force est constante d'intensité.

Remarque. — Le mouvement que possèdent les corps qui tombent dans le vide est uniformément accéléré : la pesanteur est donc une force constante en direction et en intensité.

76. Proportionnalité des forces constantes aux accélérations qu'elles produisent. — Soient deux forces constantes F, F' qui, appliquées séparément à un même point matériel M et agissant dans le même sens, sont capables de communiquer au mobile des accélérations γ, γ'. Imaginons un second point matériel M′ sollicité par la force F. Ce point formera avec le premier point M un système animé d'un mouvement de translation rectiligne et uniformément varié ayant γ pour accélération. Si nous supposons que la force F′ agisse en même temps sur le point M, en vertu de la loi du mouvement relatif, elle lui imprimera un mouvement rectiligne uniformément varié, dont l'accélération sera égale à γ'. L'accélération résultante vaudra donc $\gamma + \gamma'$, c'est-à-dire sera égale à la somme des accélérations dues aux deux forces agissant sur le point M.

Si les deux forces agissaient en sens contraires, l'accélération résultante serait $\gamma - \gamma'$. — En convenant de considérer comme positive l'accélération due à une force qui agit dans un certain sens et comme négative celle due à une force qui agit dans le sens opposé, on peut dire que l'accélération résultante est égale à la somme algébrique des accélérations des deux forces considérées.

Ce qui précède s'applique évidemment au cas où le mobile, au lieu de partir du repos, possède une vitesse initiale, comme aussi au cas où l'on a à considérer plus de deux forces constantes agissant sur un point matériel.

Ceci posé, nous démontrerons le théorème qui suit :

Théorème. — *Deux forces constantes sont proportionnelles aux accélérations qu'elles produisent en agissant séparément sur un même point matériel qui part du repos ou qui est animé d'une vitesse initiale de même direction que chacune des forces.*

Soient F, F′ deux forces constantes quelconques ; γ, γ' les accélérations qu'elles produisent en agissant séparément sur un même point matériel et f une force, aussi petite que l'on voudra, servant de commune mesure aux forces F, F′.

En supposant que la force f soit contenue m fois dans F et n fois dans F′, on aura

$$F = mf, \quad F' = nf. \tag{1}$$

D'autre part, α représentant l'accélération que produirait la force f agissant sur le point matériel, il résulte des considérations qui précèdent que l'accélération due à la force F vaut

$m\alpha$, et que celle due à la force F' vaut $n\alpha$. On a donc:

$$\gamma = m\alpha, \qquad \gamma' = n\alpha. \tag{2}$$

Les relations (1) et (2) donnent :

$$\frac{F}{F'} = \frac{m}{n},$$

$$\frac{\gamma}{\gamma'} = \frac{m}{n}.$$

d'où l'on tire :

$$\frac{F}{F'} = \frac{\gamma}{\gamma'},$$

ce qu'il fallait démontrer.

Le théorème est vrai quelque petite que soit la commune mesure f des deux forces considérées ; il est donc vrai pour deux forces quelconques.

77. De la masse. — Sa mesure au moyen du poids. — L'expérience fait voir qu'une même force appliquée à des corps de même volume ou de volumes différents ne leur imprime pas le même mouvement. On acquiert ainsi l'idée de *masse*. On dit qu'un corps a plus ou moins de masse suivant qu'il faut employer une force plus ou moins considérable pour lui communiquer un mouvement déterminé.

Lorsqu'une même force appliquée successivement dans les mêmes conditions à deux points matériels leur donne le même mouvement, on dit que ces deux points ont des masses égales. En supposant réunis deux, trois, quatre,... points matériels de masses égales, on obtient un nouveau point matériel ayant une masse double, triple, quadruple.... de celle de chacun des premiers.

Ces notions établies, soient F, F', F''.... des forces constantes qui, agissant séparément sur un même point matériel, lui communiquent les accélérations γ, γ', γ''.... En vertu du théorème précédent, on a :

$$\frac{F}{\gamma} = \frac{F'}{\gamma'} = \frac{F''}{\gamma''} = \ldots$$

Il y a donc un rapport constant entre l'intensité d'une force constante appliquée à un point matériel et l'accélération qu'elle lui communique. On prend ce rapport constant pour mesure

de la masse du point matériel, et on lui donne souvent le nom
de masse. — Ainsi en nommant m la masse d'un point matériel
ou d'un corps (toute la matière qui compose le corps étant
supposée réunie en un point, celui d'application de la force que
l'on considère), F une force constante appliquée au point et γ
l'accélération due à cette force, on a :

$$m = \frac{F}{\gamma}.$$

On a vu que la pesanteur est une force constante et l'on a
représenté par g l'accélération due à cette force ; si donc P est
le poids du point matériel considéré, on a encore :

$$m = \frac{P}{g}.$$

La masse d'un corps est donc proportionnelle à son poids.

On prend pour unité de masse la masse d'un corps ayant
pour poids g kilogrammes. On a en effet dans ce cas :

$$m = \frac{g}{g} = 1.$$

Remarques. — De la relation $m = \frac{F}{\gamma}$ on déduit plusieurs
conséquences.

1° Si l'on considère des forces F, F' imprimant à des masses
m, m' des accélérations γ, γ', on a :

$$F = m\gamma, \quad F' = m'\gamma',$$

d'où :

$$\frac{F}{F'} = \frac{m\gamma}{m'\gamma'}. \tag{1}$$

Deux forces sont donc entre elles comme les produits des
masses sur lesquelles elles agissent par les accélérations qu'elles
leur impriment.

2° Si le mobile auquel les deux forces F, F' sont appliquées
part du repos, les vitesses qu'il prend au bout du temps t sont
respectivement γt, $\gamma' t$. Donc on a en multipliant par t les deux
termes du second rapport de la proportion (1), et en désignant
par v, v' les produits γt, $\gamma' t$:

$$\frac{F}{F'} = \frac{mv}{m'v'}, \tag{2}$$

c'est-à-dire que deux forces sont entre elles comme *les quantités de mouvement* qu'elles communiquent pendant le même temps à un mobile partant du repos. (Le produit *mv* est ce qu'on nomme *la quantité de mouvement* du mobile de masse *m*.)

Si dans la proportion (2) on fait $F = F'$, il vient $\dfrac{m}{m'} = \dfrac{v'}{v}$;

donc lorsqu'une même force agit pendant le même temps sur deux masses différentes, elle leur imprime des vitesses qui sont en raison inverse de ces masses.

On trouve une application de ce principe dans la machine d'Atwood, dans laquelle la même force agissant successivement sur le poids additionnel *p* seul et sur ce même poids entraînant les deux poids égaux P, leur communique des accélérations *g*, *g'* telles que l'on a :

$$\frac{g'}{g} = \frac{p}{2P + p}.$$

§ II

NOTIONS SUR LE TRAVAIL DES FORCES.

78. Définitions. — Lorsqu'une force vainc une résistance en déplaçant le point où elle est appliquée, on dit qu'elle produit *un travail mécanique*. Il est clair que ce travail dépend à la fois de la grandeur de la résistance vaincue et du déplacement qu'a éprouvé le point d'application de la force. — Dans le cas d'une force constante appliquée à un point qui se déplace en ligne droite dans la direction de la force, on nomme travail le produit de la force par le chemin que décrit son point d'application. Suivant que la force agit dans le sens du mouvement ou en sens contraire, le travail est dit *moteur* ou *résistant*. On peut considérer le travail moteur comme positif et le travail résistant comme négatif.

79. Travail d'une force constante agissant obliquement à la direction que suit son point d'application. — Supposons maintenant qu'il s'agisse d'une force constante dont le point d'application se meut en ligne droite dans une direction oblique à celle de la force.

Soit une force constante F appliquée en un point A (fig. 56)

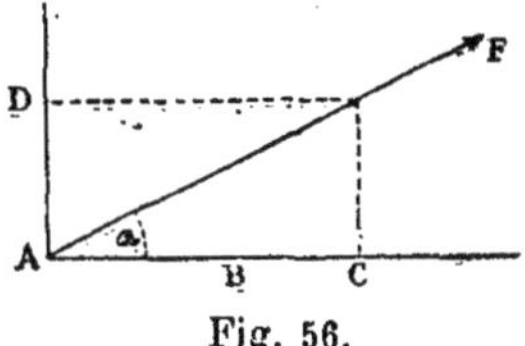

Fig. 56.

assujetti à se mouvoir dans la direction Ax faisant un certain angle avec la direction de la force. Celle-ci peut être décomposée en deux autres, l'une suivant Ax, l'autre suivant la droite AD perpendiculaire à Ax. Le travail de la composante dirigée suivant AD est nul, car cette force ne saurait déplacer le point A sur la droite Ax, seule direction qu'il puisse prendre par hypothèse, Il n'y a donc à considérer que le travail de la force qui agit suivant Ax. Par définition, ce travail vaut AC $\times$ AB (en supposant que le point d'application se soit transporté de A en B). Or AC est la projection de la force F sur Ax, donc, dans le cas actuel, le travail est égal au chemin parcouru par le point d'application multiplié par la projection de la force sur la direction de ce chemin. On peut remarquer que AC $=$ F cos α, α étant l'angle de la force F avec la direction Ax. On a donc, en appelant e l'espace parcouru par le point d'application de la force et T le travail :

$$T = e \times F \cos \alpha.$$

Suivant que α est aigu ou obtus, cos α est positif ou négatif. Dans le premier cas, le travail est moteur ; dans le second, il est résistant.

Lorsque la force F est perpendiculaire sur Ax, cos $\alpha = 0$ et le travail est nul.

Enfin, lorsque la force F agit dans la direction Ax, l'angle α est nul, on a alors cos $\alpha = 1$ et le travail devient égal à $e \times F$. On voit que ce produit représente la valeur maximum du travail.

Remarque. — Lorsqu'une force constante a son point d'application sur une courbe, la circonférence d'une roue par exemple, et qu'elle agit tangentiellement à la courbe, on peut concevoir le chemin que parcourt le point d'application partagé en éléments assez petits pour que chacun d'eux puisse être regardé comme rectiligne et se confondant en direction avec la tangente menée à son point origine. Le travail relatif à chacun de ces éléments se nomme *travail élémentaire* et est égal à $\varepsilon \times F$, ε étant l'élément considéré. La somme des travaux successifs ou *travail total* est donc égale à $e \times F$, e représentant le chemin total parcouru. Dans le cas actuel, le travail est donc encore le produit de la force par le chemin parcouru.

80. Unités de travail. — On prend pour unité de travail, le travail nécessaire pour élever un poids de un kilogramme à un mètre de hauteur. Cette unité se nomme *kilogrammètre*.

Il existe une autre unité dans laquelle on fait intervenir le temps : c'est *le cheval vapeur*. On désigne ainsi le travail nécessaire pour élever un poids de 75 kilogrammes à un mètre de hauteur en une seconde.

81. Travail dans les machines simples à l'état de mouvement uniforme. — On va faire voir que, dans les machines simples à l'état de mouvement uniforme et sollicitées uniquement par une puissance et une résistance, le travail moteur est égal au travail résistant.

Nous ferons d'abord remarquer que, lorsqu'une machine est en mouvement, parmi les forces qui lui sont appliquées, les unes nommées *forces motrices* agissent dans le sens du mouvement, les déplacements de leur point d'application se font dans le sens même de l'action des forces ou suivant des directions faisant avec celles des forces des angles aigus ; les autres nommées *résistances* agissent en sens contraire du mouvement de la machine. — Le travail des premières forces est moteur, celui des autres est résistant.

Si l'on imagine une machine à l'état de mouvement uniforme, sollicitée uniquement par une puissance et une résistance, il y a à chaque instant équilibre entre ces deux forces, car si elles ne se détruisaient pas, le mouvement de la machine éprouverait nécessairement des modifications.

Ceci posé, examinons successivement les machines simples dont il a été question plus haut.

82. Levier. — Soit un levier sollicité par deux forces P et Q que nous supposerons appliquées aux extrémités B et C de leurs bras de levier AB, AC (fig. 57). Sous l'action de ces forces, le levier prend un mouvement de rotation autour du point d'appui A. Si nous considérons le mouvement dans un temps très-court, la machine ayant tourné d'un angle fort petit, nous pourrons regarder les arcs BB', CC' parcourus par les

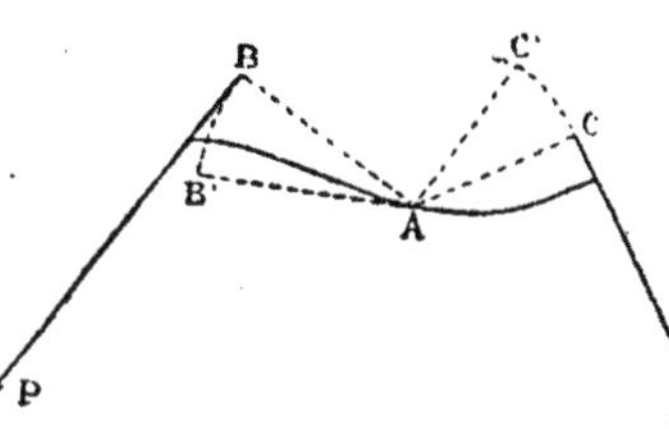

Fig. 57.

points d'application comme rectilignes et se confondant en direction avec les tangentes BP, CQ. Pendant ce temps très-court, le travail moteur est donc $P \times BB'$ et le travail résistant $Q \times CC'$. Or, puisqu'il y a équilibre entre les deux forces P et Q, on a :

$$\frac{P}{Q} = \frac{AC}{AB} ;$$

D'autre part, les angles BAB', CAC' étant égaux, les arcs semblables CC', BB' donnent la proportion

$$\frac{AC}{AB} = \frac{CC'}{BB'}.$$

Comparant cette proportion avec la précédente, on a :

$$\frac{P}{Q} = \frac{CC'}{BB'}$$

d'où l'on tire :

$$P \times BB' = Q \times CC'.$$

Le travail moteur est donc égal au travail résistant lorsque l'on considère le mouvement pendant un temps très-court. On en déduit facilement qu'il en est encore ainsi lorsque la machine marche pendant un temps quelconque, car ce temps peut être considéré comme décomposé en parties très-petites pendant chacune desquelles les travaux moteur et résistant sont égaux.

83. Poulie fixe. — Dans la poulie fixe, tandis que le point d'application de la puissance P parcourt, suivant la direction de cette force, un certain chemin α, le point d'application de la résistance Q parcourt sur la direction de celle-ci un chemin égal. Le travail moteur est $P \times \alpha$ et le travail résistant $Q \times \alpha$. Mais dans la poulie fixe en équilibre, $P = Q$, par suite :

$$P \times \alpha = Q \times \alpha.$$

Le travail moteur est donc égal au travail résistant.

84. Poulie mobile. — Supposons les cordons parallèles (fig. 58). Nous avons vu que, dans ce cas, la poulie étant en équilibre, on a $P = \dfrac{Q}{2}$.

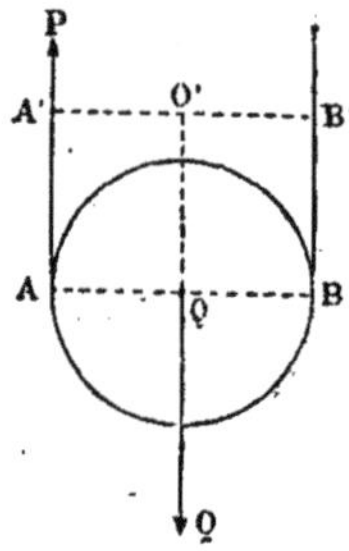

Si l'on déplace la résistance Q d'une certaine quantité α, le diamètre AB de la poulie vient en A'B' et chacun des deux cordons se raccourcit de α. Il faut donc que le point d'application de la puissance se soit déplacé d'une quantité 2α. Le travail moteur est par suite $P \times 2\alpha$ et le travail résistant, $Q \times \alpha$.

Donc puisque $P = \dfrac{Q}{2}$, on a :

$$P \times 2\alpha = Q \times \alpha,$$

Fig. 58.

c'est-à-dire que le travail moteur est égal au travail résistant.

85. Poulies mouflées. — Dans les poulies mouflées, P étant la puissance, Q la résistance et n le nombre des cordons, on a dans le cas de l'équilibre $P = \dfrac{Q}{n}$. — Or, tandis que la résistance ou poids à soulever Q se déplace de α, le point d'application de la puissance P se déplace de $n\alpha$. Le travail moteur est $P \times n\alpha$ et le travail résistant $Q \times \alpha$. On a donc puisque $P = \dfrac{Q}{n}$:

$$P \times n\alpha = Q \times \alpha.$$

Il y a donc encore égalité entre le travail moteur et le travail résistant.

86. Treuil. — Soient P la puissance appliquée tangentiellement à la circonférence de la roue d'un treuil (fig. 59) et Q la résistance ou fardeau à soulever. Si l'on imagine que le treuil tourne autour de son axe d'un certain angle α, le point d'application de la puissance vient de A en A' et le travail moteur est $P \times$ arc AA' (79. Remarque). De même le travail résistant est

Fig. 59.

$Q \times$ arc BB'.

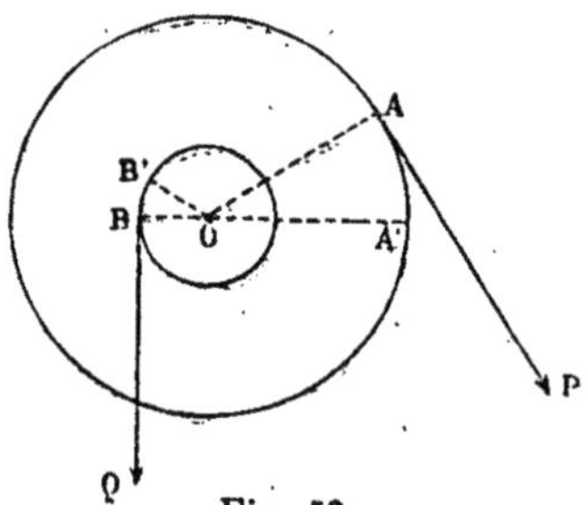

Or, puisqu'il y a équilibre entre les forces P et Q, on a :

$$\frac{P}{Q} = \frac{OB}{OA}.$$

D'autre part, les angles AOA′, BOB′ étant égaux, les arcs AA′, BB′ sont semblables et l'on a :

$$\frac{OB}{OA} = \frac{\text{arc } BB'}{\text{arc } AA'}.$$

Donc à cause du rapport commun $\dfrac{OB}{OA}$, il vient :

$$\frac{P}{Q} = \frac{\text{arc } BB'}{\text{arc } AA'},$$

d'où l'on tire :

$$P \times \text{arc } AA' = Q \times \text{arc } BB'.$$

Le travail moteur est donc encore ici égal au travail résistant.

87. Plan incliné. — On a vu plus haut (62) que l'équation d'équilibre du plan incliné est :

$$F \cos \beta = P \sin \alpha. \qquad (1)$$

Or, si le corps se déplace le long du plan incliné (fig. 60) d'une certaine quantité a, le point d'application de chacune des deux forces se déplace de a : par suite on a pour le travail de la puissance $F \times a \cos \beta$ (79) et pour celui de la résistance $P \times a \sin \alpha$.

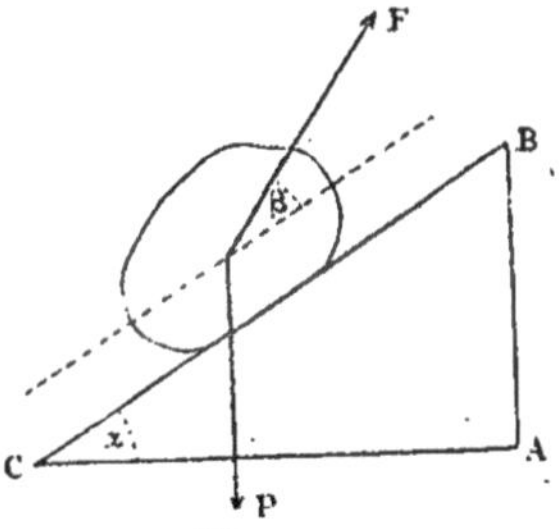

Par suite en vertu de l'égalité (1) :

$$F \times a \cos \beta = P \times a \sin \alpha.$$

Fig. 60.

Il y a donc égalité entre le travail moteur et le travail résistant.

88. Influence des résistances dites passives. — Dans la pratique, indépendamment des résistances qu'une machine a pour but de vaincre et que l'on nomme *résistances utiles*, il s'en présente d'autres, inhérentes au mouvement de la machine : ce sont les *résistances passives* ; elles sont dues à diverses causes : le frottement, la raideur des cordes, les chocs, la résistance des milieux dans lesquels fonctionne la machine. Ces résistances absorbant nécessairement une certaine quantité du travail moteur, ce dernier est en définitive égal à la somme des travaux dus aux résistances utiles et de ceux dus aux résistances passives. En représentant ces différents travaux par Tm, Tu, Tp, on a :

$$Tm = Tu + Tp,$$

c'est-à-dire que, *dans les machines à l'état de mouvement uniforme, le travail moteur est égal au travail résistant utile augmenté du travail des résistances passives.* Cette proposition porte le nom de théorème de la transmission du travail.

Dans la pratique, le travail moteur est toujours plus grand que le travail résistant utile, car Tp ne saurait jamais devenir nul. Le rapport $\dfrac{Tu}{Tm}$ s'appelle le rendement d'une machine. Dans les meilleures, il vaut 0,80.

Le problème du mouvement perpétuel consiste à trouver une machine à laquelle on communiquerait un mouvement une fois pour toutes et qui continuerait indéfiniment à marcher en produisant sans cesse un effet utile. Il résulte de ce qui précède l'impossibilité absolue de construire un appareil satisfaisant à ces conditions.

EXERCICES

1. Démontrer que si trois forces agissant perpendiculairement sur les milieux des côtés d'un triangle et dans le plan de ce triangle ont leurs intensités proportionnelles aux longueurs des côtés auxquels elles sont appliquées, ces trois forces se font équilibre.

2. Démontrer que si l'on applique aux milieux des côtés d'un polygone, perpendiculairement à ces côtés et dans le plan du polygone, des forces respectivement proportionnelles aux côtés correspondants, ces forces se font équilibre.

3. Deux forces ont pour intensité, la première 4 et la seconde 3 ; ces deux forces sont appliquées au même point et leur résultante a 5 pour intensité : ceci posé, on demande l'angle que font entre elles les directions des deux forces.

4. Deux forces sont appliquées au même point, et leurs directions forment entre elles un angle de 135°. Déterminer le rapport de leurs intensités, sachant que leur résultante est égale à la plus petite d'entre elles.

5. Comment faut-il disposer trois forces d'égale intensité pour qu'appliquées au même point elles se fassent équilibre?

6. Déterminer la résultante de deux forces ayant leurs intensités respectivement égales à 1 et 2, sachant qu'elles sont appliquées toutes deux au sommet d'un angle de 45° et qu'elles agissent suivant les côtés de cet angle.

7. Déterminer la résultante de deux forces égales agissant au même point et dont les directions forment entre elles un angle de 30°.

8. On a trois forces égales entre elles appliquées au même point et situées dans le même plan : déterminer leur résultante sachant que deux d'entre elles sont rectangulaires et que la troisième est dirigée suivant la bisséctrice de l'angle formé par les deux premières.

9. Deux forces égales entre elles et ayant 2 pour intensité agissent sur un même point A suivant des directions faisant un angle de 90° ; on applique au point A dans la direction de l'une des forces une troisième force f et la résultante du système des trois forces forme avec la résultante des deux premières un angle de 15°. Ceci posé, on demande de déterminer l'intensité de la force f.

10. Trois forces concourantes sont en équilibre; ces trois forces ont leurs intensités proportionnelles aux nombres $1 + \sqrt{3}$, $\sqrt{6}$ et $\sqrt{2}$. Calculer les angles que leurs directions forment entre elles.

11. Étant donné un cercle et un diamètre AB de ce cercle, on mène deux cordes CD, EF égales entre elles et perpendiculaires sur le diamètre, puis on joint le point A aux extrémités de ces cordes ; on obtient ainsi des cordes AC, AD, AE, AF que l'on considère comme représentant en direction et en intensité quatre forces appliquées au point A : démontrer que la résultante de ces quatre forces a une valeur constante.

12. Aux trois sommets d'un triangle ABC sont appliquées trois forces représentées en direction et en intensité par les côtés du triangle. La force appliquée en A agit de A vers B, celle appliquée en B, de B vers C, et celle appliquée en C, de C vers A. Ceci posé, on demande si le système de ces trois forces admet une résultante unique.

13. Dans la composition de deux forces F, F′ parallèles et de même sens, appliquées aux extrémités d'une droite AB, on emploie deux forces auxiliaires égales chacune à f et agissant en sens contraires suivant la direction AB : on demande quel est le lieu des points O de rencontre des résultantes des forces F et f, F′ et $f′$, les forces égales à f prenant différentes valeurs.

14. Sur une droite sans pesanteur on prend trois points A, B, C équidistants ; on applique au point A une force de 1 kilogramme, au point B une force de 5 kilogrammes et au point C une force de 3 kilogrammes : en quel point de sa longueur faut-il soutenir la droite pour qu'elle reste horizontale ?

15. On a un triangle ABC sans pesanteur et dont le plan est horizontal ; on applique aux trois sommets des forces verticales valant respectivement 1, 2 et 3 kilogrammes : quel point de la surface du triangle faut-il fixer pour que ce triangle reste horizontal?

16. On a un carré horizontal sans pesanteur ; aux quatre sommets, on applique des poids valant respectivement 1, 2, 3 et 4 kilogrammes : quel point de la surface de ce carré faut-il soutenir pour le maintenir horizontal ?

17. Aux milieux des côtés d'un triangle horizontal sans pesanteur, on applique trois forces verticales de même sens et égales entre elles : quel point de la surface du triangle faut-il fixer pour que ce triangle reste horizontal ?

18. Trois forces ayant respectivement pour intensité des longueurs OA, OB, OC tiennent en équilibre un point O : démontrer que le point O est le centre de gravité du triangle formé en joignant entre eux les points A, B, C.

19. Étant donné un rectangle pesant ABCD, on mène les diagonales AC, BD qui se coupent en un point O ; on enlève le triangle

BOC et l'on demande de déterminer le centre de gravité de la figure BOCDA.

20. Dans un triangle équilatéral ABC, on mène une droite MN parallèle à la base BC par le milieu M de côté AB : trouver la position du centre de gravité du contour polygonal BMNC.

21. Déterminer le centre de gravité du périmètre d'un demi-hexagone régulier.

22. Dans un hexagone régulier pesant ABCDEF, on joint le centre O à deux sommets A et C, et l'on enlève le losange AOBC : trouver le centre de gravité de la figure ainsi obtenue.

23. On prend les milieux E, F de deux côtés adjacents AB, AD d'un carré pesant ABCD ; on joint EF et on enlève le triangle AEF ; trouver le centre de gravité de la figure ainsi obtenue.

24. Étant donné un carré pesant ABCD, on prend les milieux E, F des deux côtés adjacents AB, AD ; on forme un carré AEOF que l'on enlève et l'on demande de déterminer le centre de gravité de la figure ainsi obtenue.

25. On donne un carré ABCD, déterminer un point O de sa surface tel que si l'on joint OA, OB et qu'on enlève la partie OAB, le point O soit le centre de gravité de la figure ACDBO.

26. Trouver le centre de gravité de la surface totale d'une pyramide régulière.

27. Trouver le centre de gravité de la surface totale d'un cône droit à base circulaire.

28. Trouver le centre de gravité de la surface totale d'un tétraèdre.

29. Quatre poids égaux respectivement à 1, 3, 7 et 5 kilogrammes sont appliqués à des distances égales entre elles sur un levier sans poids : en quel endroit du levier faut-il placer le point d'appui pour que la machine reste horizontale ?

30. Une poutre de 30 mètres de longueur ayant la forme d'un tronc de pyramide est en équilibre sur un point fixe placé au tiers de sa longueur à partir de la grande base ; si l'on place un poids de 10 kilogrammes à l'extrémité opposée, il faut pour maintenir l'équilibre déplacer le point d'appui de 2 mètres : déduire de ces données le poids de la poutre.

31. Une barre pesante homogène AB est mobile autour d'un point fixe situé à 3 mètres de l'extrémité A et à 7 mètres de l'extrémité B : on demande de trouver le poids de la barre sachant qu'un poids de 10 kilogrammes placé en B fait équilibre à un poids trois fois plus grand placé en A.

32. Les deux bras AO, OB d'un levier homogène forment entre eux un certain angle AOB. Le levier étant suspendu en O, le bras AO est horizontal ; si la longueur AO était double, ce serait le bras OB qui

aurait la position horizontale : ceci posé, on demande de trouver le rapport des longueurs des deux bras du levier ainsi que la valeur de l'angle AOB.

33. Une barre rectiligne AB pèse a grammes par centimètre de longueur ; en plaçant le point d'appui à b centimètres de l'extrémité A, il faut appliquer un poids égal à na à l'autre extrémité B pour maintenir la barre horizontale : ceci posé, on demande de trouver la longueur de la barre.

34. Une droite AB sans pesanteur est mobile autour d'un point O ; les distances AO, OB valent respectivement 1 mètre et 3 mètres, de plus une force F valant 8 kilogrammes est appliquée au point A perpendiculairement à la direction AB : sous quel angle faut-il appliquer en B une force F' de grandeur donnée pour que le système soit en équilibre ?

35. Un parallélogramme pesant ABCD est mobile autour d'un axe MN parallèle au côté AB et situé au quart du côté adjacent AC à partir du point A : quel poids faut-il appliquer en O, milieu de la droite AB, pour que le parallélogramme se maintienne horizontalement en équilibre.

36. On pèse un corps en le plaçant dans l'un des plateaux d'une balance, il faut un kilogramme pour lui faire équilibre ; on le place ensuite sur l'autre plateau et il faut 1200 grammes pour l'équilibrer : trouver le poids réel du corps et le rapport des longueurs des deux bras du fléau de la balance.

37. Un corps pesant 1^K est pesé successivement dans les deux plateaux d'une balance à bras inégaux : la somme des résultats obtenus vaut $2^K,5$: trouver le rapport des longueurs des bras du fléau.

38. Dans une poulie fixe les deux forces égales valent chacune 100 kilogrammes et l'arc embrassé par le cordon est égal au tiers de la circonférence : déterminer la pression supportée par l'axe.

39. Trouver la charge du point d'appui dans une poulie fixe, les deux forces appliquées à la machine valant chacune 10 kilogrammes et l'arc embrassé par le cordon étant le quart de la circonférence.

40. Quel angle doivent faire entre eux les cordons d'une poulie mobile pour que la puissance soit égale à la résistance ?

41. Trouver l'inclinaison d'un plan sachant qu'un corps placé sur ce plan a un poids de 144 kilogrammes et est maintenu en équilibre au moyen d'un cordon parallèle à la longueur du plan attaché au cylindre d'un treuil à la circonférence de la grande roue duquel est suspendu un poids de 9 kilogrammes. Le rayon de cette circonférence est égal à 2 mètres et le rayon du cylindre vaut $0^m,25$.

42. Trouver l'inclinaison d'un plan sachant qu'un corps de poids P y est maintenu en équilibre par trois forces égales chacune à $\dfrac{P}{3}$, l'une

verticale, l'autre horizontale, la troisième parallèle à la longueur du plan.

43. Un corps de poids P est équilibré sur un plan incliné dont l'angle est α au moyen d'une force F faisant avec la direction de la longueur du plan un angle β. On sait que si l'on diminue l'angle α de m^o la force F diminue d'une quantité f en conservant la même direction. Ceci posé, on demande de calculer le poids P du corps et l'angle α du plan incliné en fonction des quantités F, $\bar{f}$, β et m.

44. Un point matériel a mis 4 secondes pour parcourir une droite AB inclinée à l'horizon et ayant 10 mètres de longueur : trouver l'inclinaison de la droite AB.

45. Quelle inclinaison faut-il donner à un plan pour qu'un corps abandonné à lui-même glisse le long de ce plan avec une accélération égale à la moitié de celle qu'il posséderait s'il tombait librement?

46. On lance un corps verticalement de bas en haut en lui imprimant une vitesse de 35 mètres par seconde ; quelle sera la durée de sa chute ?

47. Dans une machine d'Atwood les poids égaux valent chacun 50 grammes : déterminer la valeur du poids additionnel sachant qu'il a fait parcourir au système une distance de $1^m,08$ en 3 secondes.

48. Quelle est la vitesse angulaire du mouvement diurne de la terre?

49. Déterminer la vitesse angulaire d'une roue qui fait 100 tours par minute.

50. Un corps animé d'un mouvement de rotation a sa vitesse angulaire égale à 6 : combien de tours ce corps fait-il par minute ?

FIN.

TABLE DES MATIÈRES

ABBEVILLE. — TYP. ET STÉR. GUSTAVE RETAUX.